本书获陕西省计算机教育学会优秀教材奖

新工科应用型人才培养计算机类系列教材

Python 大数据基础与实战

范 晖 于长青 张文胜 编著

西安电子科技大学出版社

内 容 简 介

本书以 Python 3.7.2 为基础，系统地介绍了 Python 程序设计的基础知识。全书分为三篇，共 13 章。第一篇"Python 基础知识"，包含第 1～6 章；第二篇"Python 高级特性"，包含第 7～9 章；第三篇"Python 数据分析与处理"，包含第 10～13 章。其中每个知识点提供了大量的示例代码，并且重点讲述了数据可视化库 Matplotlib 和 Seaborn、科学计算库 Numpy、数据分析和处理库 Pandas 等的使用以及网络爬虫系统的设计。书中还提供了一些数据分析和处理的案例，可帮助读者对数据分析和处理方法以及 Python 的编程实现有一个初步的认识和掌握。

本书内容翔实，实例丰富，语言深入浅出，既适合作为高等学校计算机、大数据、人工智能等相关专业 Python 编程课程的教材，也可以作为 Python 开发人员的参考书。

图书在版编目(CIP)数据

Python 大数据基础与实战 / 范晖，于长青，张文胜编著. —西安：西安电子科技大学出版社，2019.7(2022.8 重印)
ISBN 978-7-5606-5380-8

Ⅰ.①P… Ⅱ.①范… ②于… ③张… Ⅲ.①软件工具—程序设计
Ⅳ.①TP311.561

中国版本图书馆 CIP 数据核字(2019)第 131843 号

策　　划　李惠萍
责任编辑　雷鸿俊
出版发行　西安电子科技大学出版社(西安市太白南路 2 号)
电　　话　(029)88202421　88201467　　邮　编　710071
网　　址　www.xduph.com　　电子邮箱　xdupfxb001@163.com
经　　销　新华书店
印刷单位　陕西天意印务有限责任公司
版　　次　2019 年 7 月第 1 版　　2022 年 8 月第 3 次印刷
开　　本　787 毫米×1092 毫米　1/16　印 张　16
字　　数　377 千字
印　　数　5001～8000 册
定　　价　39.00 元

ISBN 978-7-5606-5380-8 / TP
XDUP 5682001-3
如有印装问题可调换

前言

Python 由荷兰阿姆斯特丹的 Guido van Rossum(吉多·范罗苏姆)于 1989 年正式提出，1991 年发布 Python 的第一个正式版本 V0.9。Python 秉承开放自由的思想，是一种解释型、面向对象、动态数据类型的高级程序设计语言。它支持命令式编程、函数式编程，完全支持面向对象程序设计，拥有大量扩展库，遍及各个领域。Python 不仅可以用于通用编程，其免费开源的语言和环境使得它在数据分析与处理领域也具有巨大的潜力。

近年来，随着大数据和人工智能需求的上升，Python 受到了越来越多的关注，被誉为人工智能和大数据的专用语言。因此，学好 Python 对于未来适应新一代信息技术产业的发展具有重要的意义。

本书分为三篇。

第一篇"Python 基础知识"，包括第 1~6 章。第 1 章从使用者的角度介绍了 Python 的特点和应用、Python 的安装与版本选择、扩展库的安装、编码规范等内容。第 2 章从程序的编写者的角度介绍了变量、数据类型、运算符、表达式以及常用内置函数、基本输入输出等知识。第 3 章和第 4 章介绍了列表、元组、字典、集合等序列结构的使用和字符串的基本操作等内容。第 5 章介绍了选择和循环结构的基本形式。第 6 章介绍了过程式编程中的基本构件——函数，包括函数的定义、形式参数、返回值、lambda 表达式、生成器等内容。

第二篇"Python 高级特性"，包含第 7~9 章。第 7 章介绍了面向对象编程的基本单位——类。第 8 章从程序运行的角度介绍了异常处理结构。第 9 章从数据存储角度介绍了文件的常见操作。

第三篇"Python 数据分析与处理"，包含第 10~13 章，从数据科学家的角度介绍了 Python 科学计算扩展库的使用。第 10 章介绍了数据可视化技术 Matplotlib 和 Seaborn，第 11 章介绍了矩阵和向量处理模块 Numpy，第 12 章介绍了数据分析和处理模块 Pandas，第 13 章介绍了网页数据的爬取。

本书遵循"体系完整，实用性强，案例丰富，让教和学更轻松"的原则组织编写，内容上以实用、易理解为主，兼顾深度与广度。在讲述知识点时，提供了大量的案例，以加深读者对知识点的理解。同时本书为了学习方便，还提供了授课 PPT、实验指导书和课后习题。读者在学习的过程中，要坚持"抓概念、抓思想、抓应用"的基本思路，在实践中理解知识点，同时能将知识点应用到实际当中。

Python 的扩展库非常多，由于篇幅所限，本书不能全部涉及，读者可以根据自己所从事工作的需要，利用所介绍的基础知识，有针对性地选择相关扩展库来学习。

本书由多位老师分工完成：于长青负责第 1 章、第 5 章内容的编写，张文胜负责第 4 章、第 7～9 章内容的编写，范晖负责第 2～3 章、第 6 章、第 10～13 章内容的编写。全书由范晖负责策划、审校和定稿。

本书编写过程中得到了很多人的帮助。北京天融信教育科技有限公司的企业专家对本书结构和内容提出了很多有益的建议，并通过"教育部-天融信产学合作协同育人"项目在课程建设方面提供了大力支持。西安电子科技大学出版社李惠萍编辑对本书的出版提供了很多意见和建议，在此表示衷心的感谢。

本书参考了很多 Python 语言方面的网络资源、书籍资料，在此向这些作者一并致谢。由于时间仓促，加之作者的水平和能力有限，书中的疏漏与不妥之处在所难免，衷心希望各位同行和读者批评指正。

作 者
2019 年 5 月于西安

目　　录

第一篇　Python 基础知识

第 1 章　初识 Python ... 2
- 1.1　Python 的发展历史 ... 2
- 1.2　Python 的特点和应用 ... 3
- 1.3　Python 的安装 ... 4
  - 1.3.1　Windows 下安装 Python ... 4
  - 1.3.2　Linux 下安装 Python ... 7
  - 1.3.3　Mac OS X 下安装 Python ... 8
  - 1.3.4　环境变量的配置 ... 8
- 1.4　Python 程序的运行方式 ... 8
- 1.5　Python 库的使用 ... 10
  - 1.5.1　扩展库的管理 ... 10
  - 1.5.2　模块的导入与使用 ... 10
- 1.6　程序组成和编码规范 ... 12
- 1.7　案例实战 ... 13
- 本章小结 ... 15
- 课后习题 ... 16

第 2 章　Python 语言基础 ... 17
- 2.1　标识符与关键字 ... 17
  - 2.1.1　标识符 ... 17
  - 2.1.2　关键字 ... 18
- 2.2　变量 ... 18
  - 2.2.1　对象和类型 ... 18
  - 2.2.2　变量的创建 ... 19
  - 2.2.3　变量的删除 ... 20
- 2.3　数据类型 ... 21
- 2.4　运算符 ... 23
  - 2.4.1　算术运算符 ... 23
  - 2.4.2　逻辑运算符 ... 25
  - 2.4.3　关系运算符 ... 25
  - 2.4.4　位运算符 ... 26
  - 2.4.5　矩阵相乘运算符 ... 27
  - 2.4.6　赋值运算符 ... 27
- 2.5　表达式 ... 28
- 2.6　常用函数 ... 28
  - 2.6.1　内置函数 ... 28
  - 2.6.2　模块函数 ... 30
- 2.7　Python 程序基本结构 ... 31
  - 2.7.1　物理行和逻辑行 ... 32
  - 2.7.2　语句分隔 ... 32
  - 2.7.3　缩进 ... 32
  - 2.7.4　注释 ... 33
- 2.8　基本输入输出 ... 33
  - 2.8.1　input 函数 ... 34
  - 2.8.2　print 函数 ... 34
- 2.9　案例实战 ... 35
- 本章小结 ... 36
- 课后习题 ... 36

第 3 章　序列结构 ... 37
- 3.1　序列概述 ... 37
- 3.2　列表 ... 38
  - 3.2.1　列表的创建和删除 ... 38
  - 3.2.2　列表的赋值和拷贝 ... 38
  - 3.2.3　列表的常用操作 ... 40
- 3.3　元组 ... 48
  - 3.3.1　元组的创建和删除 ... 48
  - 3.3.2　元组的基本操作 ... 49
  - 3.3.3　生成器推导式 ... 50
- 3.4　字典 ... 51
  - 3.4.1　字典的创建和删除 ... 51
  - 3.4.2　字典的赋值和拷贝 ... 52
  - 3.4.3　字典的基本操作 ... 52
- 3.5　集合 ... 54

  3.5.1 集合的创建和删除 54
  3.5.2 集合的赋值和拷贝 55
  3.5.3 集合的基本操作 55
 3.6 元组的封装与序列的拆封 56
 3.7 案例实战 57
 本章小结 58
 课后习题 58

第 4 章 字符串 59
 4.1 字符串的编码方式 59
 4.2 字符串的表示形式 60
 4.3 字符串的基本操作 61
  4.3.1 字符串的访问方式 61
  4.3.2 字符串的转义 62
  4.3.3 基本操作符 63
 4.4 字符串的方法 63
 4.5 字符串常量 67
 4.6 字符串的格式化 67
  4.6.1 格式化表达式 67
  4.6.2 format()方法 68
 4.7 案例实战 69
 本章小结 70
 课后习题 70

第 5 章 流程控制 71
 5.1 条件表达式 71
 5.2 选择结构 71
  5.2.1 单分支选择结构 71

  5.2.2 双分支选择结构 72
  5.2.3 多分支选择结构 73
  5.2.4 选择结构的嵌套 74
 5.3 循环结构 75
 5.4 break 和 continue 语句 77
 5.5 案例实战 77
 本章小结 79
 课后习题 79

第 6 章 自定义函数 81
 6.1 函数的定义 81
 6.2 函数的调用 82
 6.3 函数的参数 83
  6.3.1 位置参数 84
  6.3.2 默认值参数 84
  6.3.3 关键字参数 85
  6.3.4 可变长度参数 85
 6.4 函数的返回值 86
 6.5 lambda 表达式 86
 6.6 生成器 88
 6.7 装饰器 88
 6.8 变量的作用域 89
 6.9 函数的递归 90
 6.10 案例实战 92
 本章小结 93
 课后习题 93

第二篇 Python 高级特性

第 7 章 面向对象编程 96
 7.1 类和对象 96
 7.2 属性和方法 97
  7.2.1 属性 97
  7.2.2 方法 98
 7.3 构造方法和析构方法 99
  7.3.1 构造方法 99
  7.3.2 析构方法 100
 7.4 封装 101
 7.5 继承 102
  7.5.1 单继承 102

  7.5.2 多继承 103
 7.6 多态 104
 7.7 案例实战 105
 本章小结 108
 课后习题 108

第 8 章 异常处理 110
 8.1 错误与异常 110
 8.2 异常类 111
 8.3 异常处理 111
  8.3.1 捕获指定异常 111
  8.3.2 捕获多个异常 112

  8.3.3 未捕获到异常 113
  8.3.4 try...except...finally 语句 114
 8.4 自定义异常和抛出异常 114
 8.5 断言 115
 8.6 案例实战 116
 本章小结 117
 课后习题 117
第 9 章 文件操作 119
 9.1 文件的打开和关闭 119
  9.1.1 文件的打开 119
  9.1.2 文件的关闭 120
 9.2 文本文件的读写 121
  9.2.1 写文件 121
  9.2.2 读文件 122
 9.3 二进制文件的读写 124
 9.4 文件的操作 125
 9.5 目录的操作 127
 9.6 案例实战 128
 本章小结 129
 课后习题 129

第三篇 Python 数据分析与处理

第 10 章 数据可视化技术 132
 10.1 pyplot 基本绘图流程 132
 10.2 基于函数的可视化操作 132
  10.2.1 常用绘图函数 133
  10.2.2 绘制多个子图 135
 10.3 基于对象的可视化操作 136
 10.4 配置文件 137
 10.5 中文显示 138
 10.6 分类图 139
  10.6.1 对数坐标图 139
  10.6.2 极坐标图 140
  10.6.3 直方图 141
  10.6.4 柱状图 141
  10.6.5 饼状图 143
  10.6.6 散点图 144
  10.6.7 箱线图 144
  10.6.8 三维绘图 145
 10.7 Seaborn 可视化 147
  10.7.1 Seaborn 样式 147
  10.7.2 分类图 148
 10.8 案例实战 157
 本章小结 160
 课后习题 161
第 11 章 Numpy 基础与实战 162
 11.1 多维数组对象 ndarray 162
  11.1.1 创建 ndarray 对象 162
  11.1.2 变换数组的形状 163
  11.1.3 数组的组合和分割 164
  11.1.4 自动生成数组 166
  11.1.5 随机数函数 167
  11.1.6 数组索引和切片 168
 11.2 数组运算 172
  11.2.1 创建 Numpy 矩阵 172
  11.2.2 矩阵运算 173
  11.2.3 通用函数 174
  11.2.4 统计函数 175
  11.2.5 线性代数 176
 11.3 数组的存取 176
 11.4 案例实战 177
 本章小结 178
 课后习题 178
第 12 章 Pandas 基础与实战 180
 12.1 Pandas 数据结构 180
  12.1.1 Series 180
  12.1.2 DataFrame 181
 12.2 Pandas 索引操作 182
  12.2.1 重新索引 182
  12.2.2 更换索引 184
 12.3 数据选择 186
  12.3.1 索引与切片 186
  12.3.2 操作行与列 190
 12.4 数据运算 191
  12.4.1 算术运算 191
  12.4.2 函数应用与映射 193

  12.4.3 排序 194
  12.4.4 统计信息 195
  12.4.5 唯一值与值计数 196
 12.5 数据清洗 197
  12.5.1 处理缺失值 197
  12.5.2 处理重复值 199
  12.5.3 替换值 200
 12.6 数据分组 201
 12.7 聚合运算 204
  12.7.1 聚合运算方法 204
  12.7.2 多函数应用 206
 12.8 数据的读取与存储 207
  12.8.1 文本数据的读取与存储 .. 207
  12.8.2 Excel 数据的读取与存储 .. 210
 12.9 案例实战 210
 本章小结 214
 课后习题 214

第 13 章 网络爬虫基础与实战 216

 13.1 爬虫系统的架构 216
 13.2 常用的爬虫技术 216
  13.2.1 实现 HTTP 请求 216
  13.2.2 实现网页解析 217
  13.2.3 爬虫框架 217
 13.3 爬虫基础 217
  13.3.1 HTTP 请求 217
  13.3.2 HTTP 响应 219
  13.3.3 requests 库 219
 13.4 网页解析基础 221
  13.4.1 HTML 简介 221
  13.4.2 XPath 简介 223
  13.4.3 正则表达式 225
 13.5 BeautifulSoup 库的使用 227
  13.5.1 快速开始 228
  13.5.2 对象类型 228
  13.5.3 遍历文档树 229
  13.5.4 搜索文档树 230
  13.5.5 爬虫实例 232
 13.6 lxml 库的使用 235
  13.6.1 基本用法 235
  13.6.2 高级用法 236
  13.6.3 lxml 爬虫实例 237
 13.7 Scrapy 爬虫框架 239
  13.7.1 Scrapy 的安装 240
  13.7.2 Scrapy 爬虫步骤 240
  13.7.3 Scrapy 爬虫实现 242
 13.8 案例实战 245
 本章小结 247
 课后习题 247

参考文献 248

第一篇　Python 基础知识

学习 Python 语言，重点要关注 Python 下基本数据类型和函数的使用。Python 提供了整数、小数、复数、布尔值等原子类型和列表、元组、字典、集合、字符串等容器类型。熟悉和掌握这些基本数据类型对 Python 下的编程非常重要。Python 既支持面向过程编程，也支持面向对象编程。函数是面向过程编程中很重要的一个概念，Python 提供了众多的内置函数，掌握这些内置函数的使用对编写 Python 风格的程序至关重要，另外还可以自定义函数。Python 下的函数在形参和返回值方面比其他语言要灵活得多。利用函数，可以编写功能强大的程序。

本篇共 6 章，重点对基本数据类型、选择、循环和函数进行详细介绍。其中：

第 1 章：初识 Python

第 2 章：Python 语言基础

第 3 章：序列结构

第 4 章：字符串

第 5 章：流程控制

第 6 章：自定义函数

第1章 初识 Python

Python 是一种解释型、面向对象、动态数据类型的高级程序设计语言，由 Guido van Rossum 于 1989 年开始开发，并于 1991 年发布第一个公开版。Python 提供了非常完善的标准库，覆盖了网络、文件、GUI、数据库、科学计算等大量内容。除此之外，Python 还有大量的第三方库。Python 程序简单易懂，易于初学者学习。

本章介绍 Python 的特点、安装、程序的运行、扩展库的安装、Python 程序的组成和编码规范。通过本章学习，读者可以对 Python 语言有一个初步的认识。

1.1 Python 的发展历史

1989 年圣诞节期间，Python 的创始人 Guido van Rossum 在阿姆斯特丹为了打发圣诞节假期，决心开发一个新的脚本解释程序，作为 ABC 语言的一种继承。

ABC 是由 Guido 参与设计的一种专门为非专业程序员设计的教学语言。ABC 语言非常优美和强大，具备良好的可读性和易用性，但是没有成为流行语言。Guido 认为 ABC 未获得成功主要是其非开放性造成的。Guido 决心在 Python 中避免这一错误，同时，他还想实现在 ABC 中未曾实现的东西。Python 是从 ABC 发展起来的，主要受到了 Modula-3(一种相当优美且强大的语言，为小型团体所设计)的影响，并且结合了 Unix shell 和 C 语言的特点，易学好用，功能全面，可以扩展。Python 一词来源于 Guido 所挚爱的英国肥皂剧——Monty Python's Flying Circus。

1991 年，第一个 Python 解释器诞生，它使用 C 语言来实现，可以调用 C 语言编写的库文件。Python 第一个版本就拥有列表、字典、元组等基本数据类型，支持命令式编程、函数式编程和面向对象编程，支持异常、多线程等概念。

最初，Python 完全由 Guido 一个人开发，随着越来越多的同事使用这门语言，他们不断反馈使用意见，并参与 Python 的开发与改进，构成了 Python 的核心团队。

Python 将机器层面的细节隐藏起来，交给解释器来处理，程序员在使用 Python 时可以将更多的时间用于程序逻辑思考，而不是具体细节的实现。由于 Python 语言的简洁性、易读性以及可扩展性，加之扩展库日益增多，因此 Python 的使用率呈线性增长，已经成为最受欢迎的程序设计语言之一。2018 年 8 月 IEEE Spectrum 综合了 9 个来源的 11 个指标，对 47 种编程语言的流行程度进行排名，发布了 2018 年度编程语言排行榜，Python 雄踞第一，在综合指数、用户增速、就业优势和开源语言等单项中，全部霸占榜首。

随着物联网、云计算、大数据和人工智能的兴起，Python 在这些领域的应用与日俱增。国内外越来越多的研究机构使用 Python 语言来做科学计算，许多大学增加了 Python 程序设计课程。Python 不但标准库功能强大，而且众多开源的第三方库都提供了 Python 的调用接口，例如著名的计算机视觉库 OpenCV、三维可视化库 VTK、医学图像处理库 ITK，经典的科学计算扩展库 Numpy、Scipy、Matplotlib、Pandas 和 Scikit-learn。Python 现在已经成为编程新手和软件架构师们都偏爱的一门高级编程语言。

1.2　Python 的特点和应用

Python 是一门开源、跨平台、解释型的高级动态编程语言，具有 Shell 脚本的交互式操作和 C 语言的强大功能，语法精简，支持函数和类编程，拥有大量的扩展库，可以像"胶水"一样，将多种语言编写的程序融合到一起实现无缝拼接。

1．Python 的特点

Python 具有以下特点：

(1) 易于扩展。作为一门解释型语言，Python 脚本等同于可执行的代码，创建一个.py 文件并写入代码，就可以作为新的功能模块来使用。另外，Python 脚本支持 C 语言扩展，可以嵌入 C 语言开发的项目中。同时，也可以调用其他语言编写的代码，因此 Python 也被称为胶水语言。

(2) 语法简洁。Python 语言语法简洁、代码易读，抛弃了其他语言中的大括号、begin 和 end 等标记，不需要使用分号，代码使用空格或者水平制表符来分割，支持使用循环和条件语句进行数据结构的初始化。这些设计使得 Python 程序短小精悍，并且具有很高的可读性。

(3) 具有可移植性。Python 是开源的，Python 脚本通过解释器来解释运行，各种平台下都有非常完善的 Python 解释器，可以轻松地将其移植到各种不同平台上。

(4) 属于动态语言。Python 变量使用前不需要明确声明类型，直接赋值就可以使用变量，而且变量的类型可以动态改变。

(5) 具有面向对象的特性。Python 除了提供像 C 语言一样的函数外，还提供了像 Java 语言一样的类。面向对象编程的主要特征也在 Python 的类模块中得到了很好的支持，而且变得极为简单，比其他语言容易。

(6) 功能强大。Python 语言具有脚本语言简单、易用的特点，也具有高级程序设计语言的强大功能。它支持自动内存管理，提供了丰富的第三方扩展库和强大的数据结构，可以应用到各种不同的领域，开发各种主流的程序，是一门通用程序设计语言。

(7) 具有较好的健壮性。Python 语言提供了异常处理机制、堆栈跟踪机制和垃圾自动回收机制，可帮助程序员定位程序中的错误和异常，提高程序的开发质量。

2．Python 的应用

作为一门优秀的高级程序设计语言，Python 被广泛应用于各种领域。常见的应用领域如下：

(1) 系统管理。Python 可以访问操作系统的 API，标准库集成了 POSIX(可移植操作系统接口)和其他常见操作系统工具，通过这些可以方便地编写系统维护和管理工具。

(2) GUI 编程。Python 的 GUI 工具集除了标准库 tkinter，还有功能强大的 wxPython、PyQt、PySide 等，可以非常简单、快捷地实现 GUI 程序的开发。

(3) Web 服务开发。Python 可以通过套接字进行网络通信，可以生成、解析和分析 XML 文件，可以处理 E-mail，可以通过 URL 获取网页内容，对网页进行解析。借助于 Django、Web2py 等框架，可以快速开发网站应用程序。

(4) 数据库编程。Python 提供了访问各种主流数据库的 API，包括 SQLite、Access、MySQL、SQL Server、Oracle 等。

(5) 数值运算和科学计算。Python 提供了数值计算库 Numpy、科学计算函数库 SciPy、数学符号运算扩展库 Sympy、数据分析和操作扩展库 Pandas 等。相比于著名的科学计算商业软件 MATLAB，Python 是完全免费的，而且是一门更容易学、更加严谨的程序设计语言。

(6) 多媒体设计。通过 Python 的 Pygame 扩展库可以进行图形和游戏的应用开发，而 PIL、PyOpenGL、Maya 等扩展库则提供了 3D 应用的开发接口。

(7) 人工智能。Python 被称为人工智能的专用语言，Python 下众多的开源框架对人工智能应用领域提供了强大的支持，如计算机视觉库 OpenCV、机器学习框架 TensorFlow 等。

(8) 网络爬虫。在爬虫领域，Python 几乎处于霸主地位，提供了 Scrapy、requests、BS 等工具库，可以对网页数据进行采集和处理。

1.3 Python 的安装

Python 支持众多的软件平台，例如 Windows、Linux/Unix 和 Mac OS X 等，Python 编写的程序虽然可以跨平台运行，但是在不同平台上 Python 的安装方法是不同的。

在安装之前，我们先来了解一下 Python 的安装版本。目前 Python 有两个系列的版本，一个是 2.x 版，一个是 3.x 版，这两个版本是互不兼容的。在 3.x 版中，一些语法、内置函数和对象的方法有所调整，3.x 版越来越普及，因此本书将以最新的 Python 3.7.2 版本为基础进行讲解。

最简单的安装方法是从 Python 的官网(https://www.python.org/)上下载安装程序。

1.3.1 Windows 下安装 Python

由于本书是在 Windows 操作系统下进行编写的，因此我们以 Windows 下的 Python 安装为例进行讲解。

(1) 打开 https://www.python.org/网址，在【Downloads】菜单下选择 Windows 平台下的安装包。本次我们下载的文件为 python-3.7.2 .exe。具体参见图 1-1。

(2) 双击 python-3.7.2 .exe 进入 Python 安装界面，如图 1-2 所示。注意安装界面底部的复选框，第一个默认自动勾选，第二个默认不自动勾选，需要手动勾选。【Add Python 3.7 to PATH】可以将 Python 的安装路径添加到环境变量 Path 中，勾选后可以免去安装完成后的手工添加，建议在安装时勾选。

在图 1-2 中有两种安装模式。第一种是默认安装模式，所有的选项会按照默认值的方式进行自动设置。第二种是自定义安装模式，用户可以自定义安装路径等。这两种模式可以根据需要进行选择。本书以自定义安装为例进行讲解。

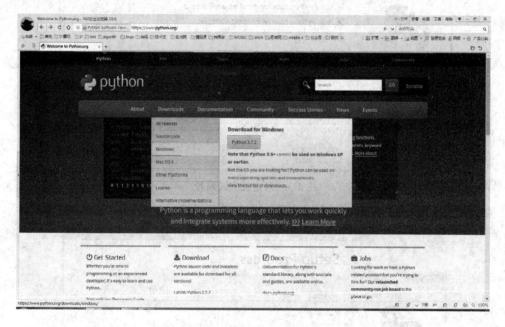

图 1-1 下载 Python 安装包

图 1-2 Python 安装界面

(3) 单击【Customize installation】选项，进入下一安装界面，单击【Next】按钮进入下一步。

(4) 在图 1-3 中，可以单击【Browse】按钮，指定安装路径。本书指定安装路径为 D:\Program Files (x86)\Python\Python37-32。

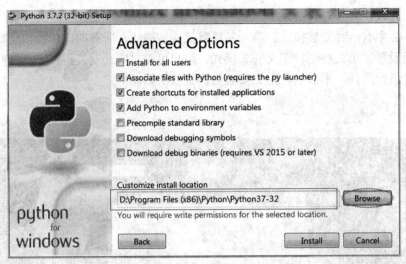

图 1-3　自定义安装路径

(5) 单击【Install】按钮进入安装界面，如图 1-4 所示。

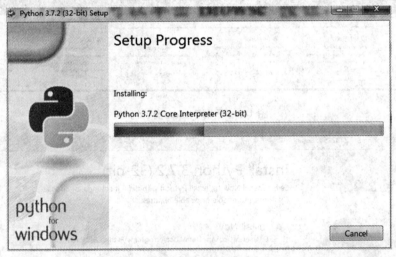

图 1-4　安装进程

(6) 安装成功后，单击【Close】按钮完成安装。

(7) 安装完成后还需要进一步检测安装是否成功。

单击【开始】按钮，在输入框中输入"cmd"，按 Enter 键打开命令提示符界面，输入"python"并回车。如果命令正常执行，会显示 Python 的版本号和">>>"提示符。从图 1-5 可以看出本机上安装的 Python 的版本号是 3.7.2。用户也可以在">>>"提示符下输入 Python 语句，回车后会显示执行结果。退出 Python 提示符，可以输入"exit()"。

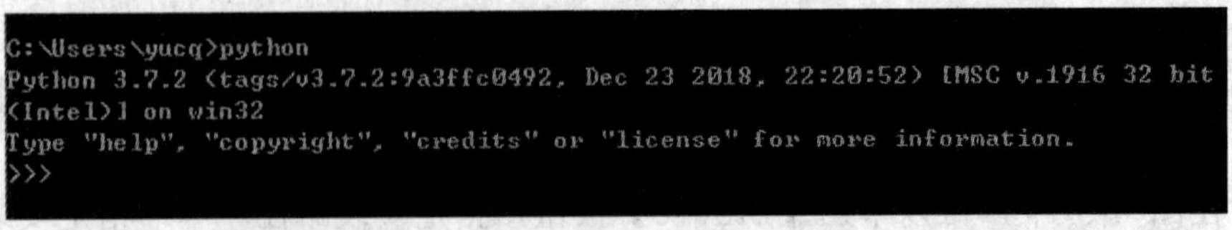

图 1-5　Python 命令行

1.3.2 Linux 下安装 Python

目前绝大多数 Linux 操作系统默认已经安装了 Python，如图 1-6 所示，可以通过输入“python”命令进行验证。如果版本太低，还必须重新安装新版本。

```
CentOS Linux 7 (Core)
Kernel 3.10.0-862.el7.x86_64 on an x86_64

localhost login: root
Password:
Last login: Sun Dec 23 05:35:29 on tty1
[root@localhost ~]# python
Python 2.7.5 (default, Apr 11 2018, 07:36:10)
[GCC 4.8.5 20150623 (Red Hat 4.8.5-28)] on linux2
Type "help", "copyright", "credits" or "license" for more information.
>>> _
```

图 1-6　在 Linux 下验证是否安装 Python

下面以 Centos 7 为例，介绍 Python 在 Linux 下的安装过程。

(1) 使用“wget https://www.python.org/ftp/python/3.7.2/ Python-3.7.2.tgz”命令下载安装包，如图 1-7 所示。

```
[root@ACA80192 ~]# wget  https://www.python.org/ftp/python/3.7.2/Python-3.7.2.tgz
--2019-01-26 14:19:43--  https://www.python.org/ftp/python/3.7.2/Python-3.7.2.tgz
Resolving www.python.org (www.python.org)... 151.101.108.223, 2a04:4e42:11::223
Connecting to www.python.org (www.python.org)|151.101.108.223|:443... connected.
HTTP request sent, awaiting response... 200 OK
Length: 22897802 (22M) [application/octet-stream]
Saving to: 'Python-3.7.2.tgz'

69% [=========================================>                  ] 15,971,752  22.4KB/s  eta 4m 30s ^
100%[============================================================>] 22,897,802  21.4KB/s   in 16m 13s

2019-01-26 14:35:58 (23.0 KB/s) - 'Python-3.7.2.tgz' saved [22897802/22897802]

[root@ACA80192 ~]#
```

图 1-7　下载 Python 安装包

(2) 使用“tar -zxvf Python-3.7.2.tgz”命令解压 tgz 包。

(3) 使用“mv Python-3.7.2 /usr/local”命令把 Python 解压文件移到/usr/local 文件夹下。

(4) 使用“cd /usr/local/Python-3.7.2/”命令进入 Python 目录。

(5) 使用“./configure”命令执行当前目录下的配置。

(6) 使用“make”命令编译源文件。

(7) 使用“make install”命令安装 Python。

(8) 使用“rm -rf /usr/bin/python”命令删除原来 Python 2.7 的软链接。

(9) 使用“ln -s /usr/local/bin/python3.7 /usr/bin/python”命令创建新的软链接，链接到新安装的 Python 3.7。

(10) 使用“python”命令查看是否安装成功，如图 1-8 所示，表示已成功安装 Python 3.7.2。

```
[root@yucq ~]# python
Python 3.7.2 (default, Jan 26 2019, 15:11:41)
[GCC 4.8.5 20150623 (Red Hat 4.8.5-28)] on linux
Type "help", "copyright", "credits" or "license" for more information.
>>>
```

图 1-8　Python 3.7.2 安装成功

1.3.3 Mac OS X 下安装 Python

Mac OS X 系统默认安装了 Python，如果要安装最新版本，从 Python 官网下载 macOS 64-bit/32-bit installer，双击按照提示完成安装即可。

1.3.4 环境变量的配置

在安装 Python 过程中如果没有勾选相关选项，例如【Add Python 3.7 to PATH】选项(配置 Python 解释器的路径)，后续使用中会出现错误提示的情况，这时就需要重新配置 Python 的环境变量。

下面以 Windows 操作系统为例，讲解环境变量 Path 的手动添加。

在桌面选中【计算机】图标，单击鼠标右键，选择【属性】，在弹出的窗口中选择【高级系统设置】，在【系统设置】下选择【环境变量】。

进入【环境变量】设置窗口，选择【系统变量】中的【Path】项目，单击【编辑】按钮，在最后添加"D:\Program Files (x86)\Python\Python37-32\Scripts\;D:\ Program Files(x86)\Python\Python37-32\"。

注意：读者一定要根据自己的 Python 安装目录来修改划线部分的内容。具体参见图 1-9。

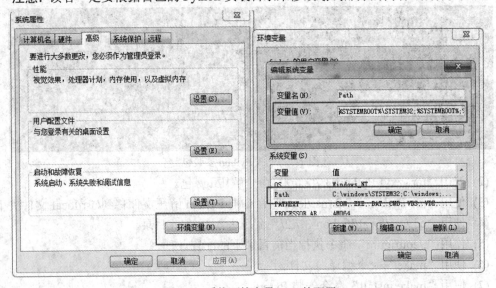

图 1-9 系统环境变量 Path 的配置

1.4 Python 程序的运行方式

从计算机的角度来看，Python 程序的运行过程分为两步：解释器解释和虚拟机运行。执行 Python 程序时，首先由 Python 解释器将 .py 文件中的源代码翻译成字节码，再由 Python 虚拟机 PVM 逐条将字节码翻译成机器指令执行，Python 的这种机制和 Java、.NET 类似。

Python 还可以通过交互方式运行。交互模式下，直接输入 Python 语句就可以执行。

Python 解释器和虚拟机都是 Python 系统的组成部分，不同平台或者系统中 Python 语言有不同的实现方式，主要有三种：CPython、Jython 和 PyPy。不同的实现方式只是代表了 Python 程序的执行方式不同，语言本身并没有变化。Python 源程序可以在不同的 Python 实现方式中运行。

➢ CPython 是标准的 Python 实现方式，它是用可移植的 C 语言实现的解释器。它在多线程效能上表现不佳，不支持 JIT（即时编译），导致执行速度不够快。

➢ Jyphon 是 Python 在 Java 环境下的实现方式，它将 Python 源程序翻译成 Java 字节码，通过 JVM 来运行。

➢ PyPy 是使用 Python 实现的 Python 解释器，支持 JIT，执行速度较快。

下面以 Windows 7 操作系统为例，讲解 Python 程序的运行。

Python 环境搭建好以后，在【开始】中会添加 Python 3.7 文件夹，其中有四个文件 IDLE、Python 3.7、Python 3.7 Manuals 和 Python 3.7 Manuals Docs。IDLE 是 Python 的图形开发环境；Python 3.7 是 Python 的命令行工具；Python 3.7 Manuals 打开 chm 格式的帮助手册；Python 3.7 Manuals Docs 用于打开 HTML 版的 Python 参考文档。

下面在 IDLE 中，通过交互模式来运行 Python 程序，输出"Hello Python World!"，如图 1-10 所示。

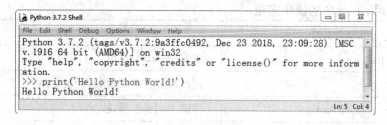

图 1-10　IDLE 主界面

在 IDLE 界面中，三个大于号>>>作为提示符，可以在提示符后输入要执行的语句。输入代码 print('Hello Python World!')，并按回车键执行即可。如果代码正确，就可以看到执行结果，否则会抛出异常。

IDLE 使用不同的颜色来表示关键字、常量、字符串等，以方便用户进行区分。

为了代码能够重用，经常需要创建一个程序文件，可以在 IDLE 界面中使用菜单【File】下的子菜单【New File】，新建一个程序文件(文件扩展名必须为.py)并输入代码。如果是图形界面程序，可以保存为.pyw 文件。可以使用菜单【Run】下的子菜单【Check Module】来检查程序中是否存在语法错误，或者使用菜单【Run】下的子菜单【Run Module】来运行程序，运行结果将直接显示在 IDLE 交互界面上。也可以在资源管理器中双击扩展名为.py 或者.pyw 的 Python 程序文件直接运行。还可以在命令提示符环境下使用"python 程序名"来运行程序，但是该方法可能会影响某些程序的正确运行。

在 Python 中，不同的扩展名文件具有不同的含义和用途，常见扩展名有以下几种：

➢ .py：Python 源文件，由 Python 解释器负责解释执行。

➢ .pyw：Python 源文件，用于图形界面程序文件，也是由 Python 解释器解释执行。

➢ .pyc：Python 字节码文件，可用于隐藏 Python 源代码和提高运行速度。

1.5 Python 库的使用

Python 提供了丰富的标准库，还支持大量的第三方扩展库，它们数量众多、功能强大、涉及面广、使用方便，受到各行业工程师的青睐。因此熟练使用 Python 扩展库会起到事半功倍的效果，提高软件的开发速度。库有时也称作包、模块，库和模块一般不做区分。

1.5.1 扩展库的管理

Python 使用 pip 工具来管理扩展库，默认情况下，Python 3.x 会自动安装 pip 工具。使用前请使用如下命令升级 pip 工具(Windows 操作系统)：

```
python -m pip install --upgrade pip
```

pip 命令不仅可以实时查看本机已经安装的扩展库列表，还支持扩展库的安装、升级、卸载等操作。如果某个模块无法使用 pip 安装，很可能是该模块依赖于某些动态链接库文件，此时需要登录该模块官方网站下载并单独安装。常用的 pip 命令使用方法参见表 1-1。

表 1-1 ▶ 常用 pip 命令的使用方法

pip 命令示例	说 明
pip install Package	安装 Package 模块文件
pip list	列出当前已安装的所有模块文件
pip install --upgrade Package	升级 Package 模块文件
pip uninstall Package	卸载 Package 模块文件
pip install Package.whl	使用轮子文件 whl 直接安装 Package

用 pip 命令管理 Python 扩展库需要在命令提示符环境中进行，并且需要切换至 pip 所在目录。首先进入 Python 安装文件夹中的 scripts 文件夹，然后按住 Shift 键，再用鼠标右击窗口空白处，选择【在此处打开命令窗口】，就可以直接进入命令提示符环境。

1.5.2 模块的导入与使用

Python 默认安装仅仅包含部分基本或核心模块，用户可以很方便地使用 pip 命令安装大量的其他扩展模块。Python 启动时，仅仅加载了很少一部分模块，需要时由程序员显示加载(有些模块需要先安装)模块，这样做可以减小程序运行时的压力，并且具有很强的可扩展性。可以使用 "sys.modules.items()" 语句来显示所有预加载的模块信息。

1. import 模块名 [as 别名]

使用这种方式导入模块以后，需要在使用的对象之前添加 "模块名."，也就是以 "模块名.对象名" 的方式来使用对象。也可以为导入的模块设置一个别名，然后以 "别名.对象名" 方式来访问其中的对象。示例如下：

```
>>>import random                    #导入 random 随机函数模块
>>>random.randint(1,10)             #通过模块名方式访问模块中的 randint()函数
9
>>>import numpy as np               #导入 numpy 库中的所有对象并设置别名 np
>>>a = np.arange(1,10,2)            #通过别名方式访问模块中的 arange()函数
>>>a
array([1, 3, 5, 7, 9])
```

2. from 模块名 import 对象名 [as 别名]

使用这种方式仅仅导入明确指定的对象，并且可以为导入的对象起一个别名。这种导入方式可以减少查询次数，提高访问速度，同时也减少了程序员需要输入的代码量。例如：

```
>>>from random import randint as rt     #导入 random 模块中的 randint 对象，并设置别名 rt
>>>rt(1,10)                             #通过别名使用 randint()函数
>>>from os import path as ph            #导入 os 模块中的 path 对象，并设置别名 ph
>>>ph.exists("d:/programdata")          #通过别名 ph 使用 exists()函数
```

一种比较极端的情况是一次导入模块中的所有对象，例如：

```
from random import *
```

使用这种方式虽然简单省事，但是不推荐使用，一旦多个模块中存在同名的对象，这种方式将会导致混乱发生。

Python 在导入模块时，首先在当前目录下查找需要导入的模块文件，如果没有找到，则从 sys 模块的 path 变量所指定的目录树中查找，如果还没有找到模块文件，则提示模块不存在。在导入模块时，会优先导入相应的.pyc 文件，如果不存在.pyc 文件，则导入.py 文件，并重新将该模块文件编译为.pyc 文件。

程序中导入模块时，建议按照以下顺序依次导入：
(1) 导入 Python 标准库模块。
(2) 导入第三方扩展库。
(3) 导入自己编写的本地模块。

每个 Python 脚本在运行时都有一个__name__属性。如果脚本作为模块被导入，则其__name__属性的值被自动设置为模块名。如果脚本独立运行，则其__name__属性的值被自动设置为__main__。

利用__name__属性可以控制 Python 程序的运行方式。例如，编写一个包含大量函数的模块，但是不希望该模块被直接运行，则可以在脚本文件中添加以下代码：

```
if __name__ == "__main__":
    print("请以模块方式运行")
```

这样当程序直接执行时，就会显示提示信息"请以模块方式运行"，而使用 import 语句导入该模块后，就可以使用其中的函数。

1.6 程序组成和编码规范

1. 程序组成

Python 程序由包、模块(即一个 Python 文件)、函数和语句组成，如图 1-11 所示。

包是 Python 用来组织命名空间的重要方式，可以看作是由一系列模块组成的文件夹。包中必须至少含有一个 __init__.py 文件，用于标识当前文件夹是一个包，该文件的内容可以为空。

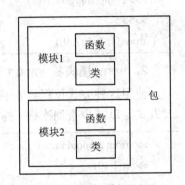

图 1-11 Python 程序组成

模块是由函数或者类组成的 Python 文件(.py)，第一次导入时，会被编译成字节码文件(.pyc)，模块使用前需要使用 import 指令来导入。

函数和类由语句和表达式组成。函数用于完成一个特定的功能，类支持面向对象的基本功能，如封装、继承、多态。函数和类可以同时存在，也可以只存在一个，还可以不存在。

语句用来实现指定的操作。

2. 编程规范

1) 命名规则

变量名、包名、模块名通常采用小写字母开头；如果名称中包含多个单词，一般采用第一个单词全部小写，后面每一个单词首字母大写的驼峰表示法，如 myBook；也可以采用下划线分隔的全部小写形式，如 student_name。取值不变的对象，建议使用全大写方式，如 PI。

类名采用首字母大写，多个单词使用驼峰表示法，如 BookInfo。

函数名一般采用小写字母，多个单词使用驼峰表示法。

2) 代码缩进

使用 Tab 键和空格来进行代码缩进，但是不要两种混用来进行缩进。Python 中的缩进代表程序块的作用域，如果采用了错误的代码缩进，会导致程序抛出异常。

3) 空格

函数或者语句块之间使用空行来分隔，以分开两段不同功能的代码块，增强可读性。运算符两侧建议使用空格进行分隔。

4) 注释

注释有助于对程序的理解和团队合作开发。函数、类一定要添加功能性、使用性注释说明，对于复杂的算法也要适当注释。

5) 其他事项

> 每个 import 语句只导入一个模块，尽量避免一次导入多个模块。

> 如果一行语句太长，可以在行尾使用续行符"\"，在下一行继续写代码。

➢ 适当使用异常处理结构来提高程序的容错性和健壮性。

1.7 案例实战

1. 案例描述

完成 Python 集成开发环境 PyCharm 的安装、基本配置和扩展库的管理。

2. 案例实现

PyCharm 是由 JetBrains 打造的一款非常好用的跨平台 Python IDE，有 Professional(专业版)和 Community(社区版)两个版本。Professional 版提供 Python IDE 所有功能，支持 Web 开发；而 Community 版只提供轻量级 Python IDE 功能，只支持 Python 开发。Professional 版需要付费购买，Community 版则完全免费。

读者可以到 https://www.jetbrains.com/pycharm/ 网站下载 PyCharm 的社区免费版。

案例操作步骤如下：

(1) 下载并按照提示安装 PyCharm 软件。

(2) 对 PyCharm 进行基本配置。

启动 PyCharm 程序，单击界面右下端的【Configure】，选择【Settings】，如图 1-12 所示，进入 Default Settings 配置界面。

图 1-12 PyCharm 缺省配置界面

选择左边的【Appearance&Behavior】菜单，对 PyCharm 的主题进行配置。读者可以根据自己的喜好选择外观颜色，这里选择"IntelliJ"风格。如图 1-13 所示。

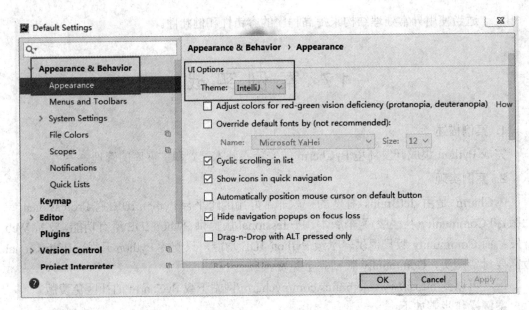

图 1-13　外观风格配置界面

重点是要配置项目解释器，选择【Project Interpreter】菜单，设置解释器的路径，让其指向 Python.exe 可执行文件所在的位置，如图 1-14 所示。

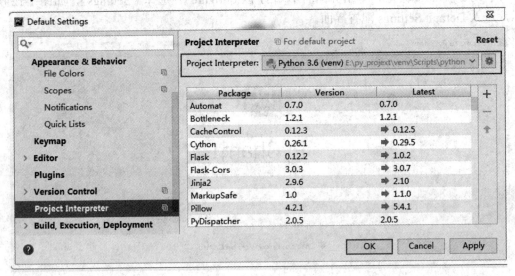

图 1-14　配置解释器路径

(3) 创建项目及文件。

首先，在启动界面中选择【Create New Project】创建新项目，指定项目位置，创建项目 test。

然后 PyCharm 开始创建项目 test，由于要创建虚拟环境，这个过程需要耐心等待。项目创建完成后，会自动进入项目中。

在项目 test 中创建 Python 文件。用鼠标右键单击项目 test，在弹出的菜单中选择【New】下的【Python File】，输入文件名 welcome，创建一个空的 welcome.py 文件。

在 welcome.py 文件中输入 print('Welcome to XiJing University!')。

最后运行程序。打开【Run】菜单，选择【Run】命令，选择需要运行的文件，就可以查看程序运行结果。具体参见图 1-15。

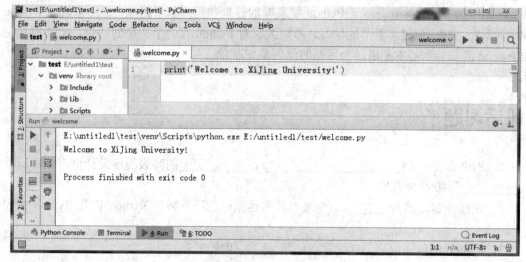

图 1-15　查看运行结果

(4) 第三方扩展库的安装。

打开 PyCharm 软件，依次选择【File】>>【Settings】>>【Project 项目名】>>【Project Interpreter】，单击右侧的【+】按钮，在搜索框中输入要安装的第三方扩展库的名称，系统会联网自动搜寻，列出符合要求的库。选中要安装的库，单击左下端的【Install Package】按钮，就可以自动安装第三方库了，具体参见图 1-16。

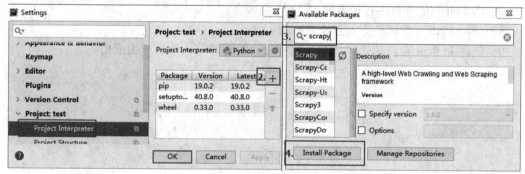

图 1-16　安装第三方扩展库的过程

库安装完成后，需要在项目中进行测试。可以在项目文件中输入"impor 库名"，查看能否正常使用。如果能够使用，说明安装好了，否则需要查找原因，进行重新安装。

本章小结

选择 Python 版本时应该充分了解自己的需求和可用的扩展库情况，pip 已经成为 Python

扩展库管理的标准工具，可以使用 import 语句来导入模块中的对象，也可以为导入的模块或者对象设置别名。Python 是一门跨平台的高级解释型语言，可以在多个不同软硬件平台上使用。本章首先回顾了 Python 的发展历史、特点和应用，然后讲解了 Python 在 Windows 和 Linux 中的安装，接着介绍了 Python 扩展库的管理和程序基本组成，最后讲解了 Python 程序的运行方式。通过本章节的学习，希望大家对 Python 有一个初步的认识，能够独立完成 Python 的安装和基本使用，为后面的学习奠定基础。

课后习题

1. Python 是一种_____、_____、_____的高级程序设计语言，由荷兰人_____于 1989 年发明。
2. 在命令窗口输入_____命令来查看本地是否已经安装了 Python 以及 Python 的安装版本。
3. Python 的程序由_____、_____和_____组成。
4. 下列关于 Python 的说法错误的是(   )。
   A．Python 是从 ABC 语言发展起来的   B．Python 是一门高级的计算机语言
   C．Python 是一门面向过程的语言   D．Python 是一门面向对象的语言
5. Python 程序的文件扩展名是(   )。
   A．.python   B．.p   C．.py   D．.pyth
6. 举例说明如何安装 Python 扩展包。
7. Python 程序如何运行最方便？
8. 分析 Python 模块的导入方法。
9. 简述 Python 在科学计算、Web 编程和人工智能等三个领域的应用。

第 2 章　Python 语言基础

Python 语言容易上手，语法结构较为简单，操作变量的能力很强，容易学习和掌握。本章围绕 Python 程序的基本结构进行展开，详细介绍 Python 变量的特点和使用、标准数据类型、运算符、表达式、常用内置函数以及程序的输入、输出。掌握本章的内容，对学习后续知识点非常重要。

2.1　标识符与关键字

2.1.1　标识符

标识符是用来标识某个实体的符号，是编程语言中允许作为名字的有效字符串集合。在命名标识符的时候，要遵循如下命名规则：
- 标识符的第一个字符必须是字母或者下划线。
- 标识符可以由字母、下划线或数字组成。
- 标识符的语法基于 Unicode standard annex UAX-31，可以使用中文字符作为标识符。
- 标识符区分大小写。
- 空格、跳格、换页等字符被用来分隔标识符。
- 标识符的长度不限。建议标识符不宜太长，否则不利于程序的编写。
- 禁止使用 Python 关键字(保留字)作为一般标识符。
- 标识符可以被用作变量名、函数名、类名、模块名等的命名。
- 建议使用有意义的名字作为标识符，能够体现其用途。

不建议使用系统内置的模块名、类型名或函数名，以及已导入的模块名及其成员名作为变量名，这将会改变其类型和含义。可以通过 dir(__builtins__)语句查看所有内置模块、类型和函数。

除了关键字外，以下划线开始的标识符在使用时，表示类的特殊成员，需要特别注意：
- __*__(双下划线)表示系统定义的特殊成员，如__name__。
- _*(单下划线)表示类的保护成员，不能使用"from module import *"导入，只有类对象和子类对象才能访问这些成员。
- __*(双下划线)表示类的私有成员，只有类对象自己能够访问。

有效标识符名称的例子有：i、_my_name、name_23、_、a1b2_c3、日期、年。

无效标识符名称的例子有：2things、this is spaced out 和$myname。

2.1.2 关键字

关键字是 Python 语言本身保留的特定标识符，每个关键字都有特殊的含义，如果被程序员用来作为标识符，会导致语法错误。表 2-1 列出了 Python 3.7.2 中的关键字。

表 2-1 ▶ Python 中的关键字

False	True	None	and	or
not	as	with	from	import
while	for	in	continue	break
try	raise	finally	class	def
global	nonlocal	del	yield	except
if	else	elif	pass	return
lambda	async	assert	await	is

2.2 变　　量

2.2.1 对象和类型

对象是 Python 语言中最基本的概念，在 Python 中处理的一切都是对象。

对象是对数据的抽象，Python 中所有的数据都被表示成对象，或者对象之间的关系，所有的数据以对象的形式存在。一串字符、一个数字或者一个集合都是对象，如"hello world"、2、42.56、{1,2,3}等。这些对象属于不同的类型，"hello world"是一个字符串，2 是一个整数，42.56 是一个浮点型数，{1,2,3}是集合。

Python 中有许多内置对象可供编程者直接使用，如数字、字符串、列表、集合以及内置函数；非内置对象需要导入模块后才能使用，如 math 模块中的正弦函数 sin()，random 模块中的随机数产生函数 random()等。

每个对象都有一个 id、类型和值，可以通过内置函数 type()来获取对象的类型，id()函数获取对象的内存地址。代码示例如下：

```
>>> type(2)                                        #整型
<class 'int'>                                      #class 表示类别
>>> type(43.56)                                    #浮点型
<class 'float'>
>>> type({1,2,3})                                  #集合
<class 'set'>
>>> type('2')                                      #字符串
<class 'str'>
```

2.2.2 变量的创建

对象通常存放在变量中，变量是指向某个对象的名字，是对象的命名。

Python 中的变量不同于 C、C++、Java 等语言中的变量，Python 是一种动态类型语言，不需要事先声明变量的类型，直接赋值即可创建各种类型的变量，解释器会根据所赋值的类型自动推断变量类型，而且变量的类型是可以随时变化的。Python 还是一种强类型语言，在运算过程中不会自动进行数据类型转换(除了 int、float、bool 和 complex 类型之间)。

变量只有被创建或者赋值后才能使用，如果变量出现在赋值运算符(=)或复合赋值运算符(+=、*= 等)的左边则表示创建变量或者赋值，否则表示引用该变量的值。例如：

```
>>> a = 2                                #整型赋值
>>> type(a)
<class 'int'>
>>> b = "Python"                         #字符串赋值
>>> c = a * 3                            #整型乘法赋值
>>> a = "hello " + b                     #字符串连接赋值
>>> type(a)
<class 'str'>
```

赋值语句 a = 2 的执行过程如下：
➢ 创建表示整数 2 的对象。
➢ 检查变量 a 是否存在，如果不存在则创建它，如果存在，则直接使用。
➢ 建立变量 a 到对象 2 之间的引用，而不是拷贝整数 2。

在内存中，引用的本质就是内存地址，与 C 语言中的指针类似。

Python 中使用变量时，要理解下面几点：
➢ 变量在第 1 次赋值时被创建，再次出现时直接使用。
➢ 变量没有数据类型的概念。数据类型属于对象，类型决定了对象在内存中的存储方式和能够进行的操作。例如，int 类型上可以进行四则运算。
➢ 变量引用了对象。当在表达式中使用变量时，变量被其引用的对象替代。
➢ 变量在使用前，必须赋初值。

在 Python 中，允许多个变量指向同一个对象，当其中一个变量指向的对象被修改以后，其内存地址将会变化，但并不影响另一个变量。

为了增加程序的运行效率，Python 3 以后的解释器中实现了小数字和字符串缓存的机制，小数字的缓冲范围是[-5 ～ 256]。示例如下：

```
>>> a = 100
>>> b = 100
>>> id(a)                                #内置函数 id()可以获取变量的内存地址
1471867200
>>> id(b)
```

```
1471867200
>>> a = 300
>>> id(a)
42603696
>>> a = -6
>>> id(a)
1471865696
>>> b = -6
>>> id(b)
42602992
>>> a = b = -6
>>> id(a) == id(b)
True
```

Python 中各种变量存储的不是值，而是值的引用。具体参见图 2-1。

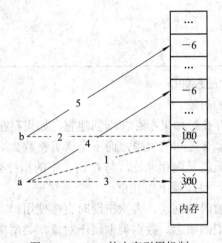

图 2-1 Python 的内存引用机制

每种类型支持的运算不尽相同，因此在使用变量时需要根据其所存储的对象来确定所进行的运算是否合适，以免出现异常或者意想不到的结果。同一个运算符对于不同类型对象操作的含义也不尽相同，后面会做进一步介绍。

2.2.3 变量的删除

Python 具有自动内存管理功能，会跟踪所有的变量，并自动删除不再有指向值的变量。因此，Python 程序员一般情况下不需要太多地考虑内存的管理问题。

通过显式使用 del 命令，可以删除不需要的变量，或者显式关闭不再需要访问的资源。代码示例如下：

```
>>> a = 10
>>> del a                                                      #删除变量 a
```

```
>>> print(a)
NameError: name 'a' is not defined
```

2.3 数 据 类 型

数据类型不仅决定了对象在内存中的存储方式,而且决定了可以在对象上附加的操作。基于不同的数据类型,程序可以实现复杂的功能。Python 中常见的数据类型如表 2-2 所示。

表 2-2 ▶ Python 的数据类型

对象类型	名 称	示 例	对象类型	名 称	示 例
数字	int、float、complex	123、3.1415、3+4j	集合	set	{"a","b","c"}
字符串	str	" hello "、'12'、"'语"'	元组	tuple	(1,2,3)
字节串	bytes	b'\xd6\xd0\xb9\xfa'	文件		fn=open("name.txt",'r')
列表	list	[1,2,3]、['a','b',['c','d']]	布尔型	bool	True、False
字典	dict	{1:'a',2:'b'}	空类型	NoneType	None

其他可迭代对象	生成器对象、range 对象、zip 对象、enumerate 对象、map 对象、filter 对象等	zip('abcd', '12345')
		map(str, range(5))
		enumerate('abcd')
		range(1, 10, 2)
			编程单元	def
				class
				module
					def parseText():
					class MyClass:
					import my_module

异常	Exception 等	raise TypeError			

其中,数字(包括布尔型)、字符串和空类型称为原子(标量)类型,每次只能存储单个对象类型。列表、元组、字典和集合是 Python 中的内置容器类型,容器是用来存放基本对象或者其他容器对象的一种类型,可以容纳多个对象类型。不同容器类型之间的最主要区别是单个元素的访问方式以及运算符定义方式的不同。

Python 提供了对多种数据类型的强大支持,其中数字、字符串、列表、元组、字典、集合等称为标准数据类型,其他的类型称为内建类型。

本节主要介绍标准数据类型中的数字。

Python 支持四种基本数字类型,分别是整型、布尔型、浮点型、复数型,其中前两种是整型类型。Python 中的数字是无符号的,所有的数字不包括负号"-",负号"-"被看作一元运算符"-"。浮点数由于表示方式的限制,在进行运算时很少返回精确的预期结果。

数字属于 Python 的不可变对象,修改整型变量值的时候并不是真正修改变量的值,而是修改变量使其指向新值所在的内存地址。

下面是一些数字常量的例子:

```
7            214748569      0o177       0b1010110   7894561230123456789   0x987abcdef
-237         True           False       3.1415      6+1.5j                -1.609E-19
100_000_000  0b_1101_0101               .34                               10J
```

为了增强数字的可读性，可以在数字中间位置使用单下划线作为分隔。

在 Python 中，数字类型变量所表示的范围可以是无穷大，只要内存空间足够。和其他语言一样，Python 也可以对数据类型进行等价转换。代码示例如下：

```
>>> a = 100
>>> b = -100                              #注意 "-" 为一元运算符
>>> c = 8888_888_888_888_888_888          #使用 "_" 提高可读性
>>> d = c ** 5
>>> print(d)
55492895730664363466978272282341783947699029619468576944016528645701027959857718166268692103168
>>> type(d)
<class 'int'>
>>> type(2+10J)
<class 'complex'>
>>> f = True
>>> type(f)
<class 'bool'>
>>> g = 12310E-6
>>> type(g)
<class 'float'>
>>> isinstance(True,int)                  #测试 True 是否为 int 的实例
True
>>> True == 1                             #True 等价于整数 1
True
>>> False == 0                            #False 等价于整数 0
True
>>> i = True + 2
>>> i
3
>>> int('1f',16)                          #十六进制转换成十进制
31
>>> int('11',8)                           #八进制转换成十进制
9
>>> bin(8)                                #内置函数 bin()将整数转换为对应的二进制字符串
'0b1000'
>>> oct(8)                                #内置函数 oct()将整数转换为对应的八进制字符串
'0o10'
>>>0.4 - 0.3                              #浮点数运算时，由于舍入误差而会略微偏离
```

0.10000000000000003

布尔型是特殊的整型,尽管布尔值由常量 True 和 False 来表示。如果将布尔值放到一个数值上下文环境中,True 会被当成整型值 1,而 False 则会被当成整型值 0。

2.4 运 算 符

运算符是对操作数进行运算的符号。Python 中的运算符按照功能划分为算术运算符、关系运算符、逻辑运算符、位运算符、身份测试运算符、成员测试运算符、矩阵相乘运算符和赋值运算符,按照操作数的个数分为单目运算符和双目运算符。

2.4.1 算术运算符

算术运算符用于对操作数进行算术运算。Python 中的算术运算符如表 2-3 所示。

表 2-3 ▶ 算术运算符

运算符	含 义	举 例	运算符	含 义	举 例
+、-	加法、减法(集合差集)	2 + 3,10 - 5	**	幂运算	2 ** 3
-	相反数	-6	/	除法(真除法)	4 / 3
*	乘法	2 * 3	//	求整商(向下取整)	4 // 3
%	求余数、指定字符串格式	5 % 2			

算术运算符示例如下:

```
>>> 3 / 5
0.6
>>> 4 // 3
1
>>> 3.0 / 5
0.6
>>> 3 // 5
0
>>> 3.1 % 2
1.1
>>> 6.3 % 2.1
2.0999999999999996          #浮点数按照 IEEE754 规范存储,有一定精度
>>> 3 * 2
6
>>> 3 ** 2
9
>>> (3+4j) * 2
```

(6+8j)

注意：Python 不支持 C 语言中的自增(++)和自减(--)，Python 会将--n 解释为-(-n)，也就是 n，同样将++n 解释成+(+n)从而得到 n。

不同数据类型在一起进行算术运算时，按照下面的原则进行隐式类型转换：

➢ 当有一个操作数的类型是复数时，其他数据都自动转换成复数类型。
➢ 当有一个操作数的类型是小数时，其他数据都自动转换成小数类型。
➢ 不支持数字和字符之间的隐式转换。

还可以使用内置函数进行显式转换，转换时要保证类型要兼容。显式转换要丢失原数的精度，示例如下：

```
>>> a = 3
>>> type(a)
<class 'int'>
>>> a = a + 2.4
>>> type(a)
<class 'float'>
>>> a = a + (10 + 2J)
>>> type(a)
<class 'complex'>
>>> b = True
>>> c = int(b)
>>> type(c)
<class 'int'>
>>> d = 10 + 20j
>>> int(d)
Traceback (most recent call last):
TypeError: can't convert complex to int
>>> c = 2.3
>>> int(c)
2
>>> x = 1 + int('2')
>>> x
3
>>> x = 1 + ord('a')
>>> x
98
>>>float('98.6')
98.6
```

2.4.2 逻辑运算符

逻辑运算符用来对布尔值进行与、或、非等逻辑运算，运算最终结果是布尔值 True 或 False。其中，"非"是单目运算符，逻辑"与"和"或"为双目运算符。逻辑运算符的操作数都应该是布尔值，如果是其他类型的值，应该能够转换为布尔值才能进行运算。

Python 中的逻辑运算符如表 2-4 所示。

表 2-4▶ 逻辑运算符

运算符	含义	举例	运算符	含义	举例
and	逻辑与	True and True	or	逻辑或	False or False
not	逻辑非	not True			

注意：and 和 or 运算符不一定总是生成布尔值 True 和 False，示例如下：

```
>>>10 and "a"
'a'
>>>"a" and ""
''
>>>"" or 10
10
```

2.4.3 关系运算符

关系运算符包括值比较符(<、<=、>、>=、!=、==)、身份比较符(is、is not)和成员测试符(in、not in)。

值比较符比较两个操作数的大小并返回一个布尔值(True、False)，操作数可以是数字和字符串。当操作数是字符串时，按照字符串从左到右逐个字符比较其 ASCII 码，直到遇到不同的字符或字符串才结束。

身份比较符用于比较两个对象的内存位置是否相同，使用 id()函数来确定。

成员测试符用于查找对象是否在列表、元组、字符串、集合和字典等序列数据中。

Python 中的关系运算符如表 2-5 所示。

表 2-5▶ 关系运算符

运算符	含义	举例	运算符	含义	举例
<、<=	大小比较	2 <= 3	==	相等值比较	2 == 3
>、>=	大小比较	3 >= 1	!=	不等值比较	2 != 3
is	如果操作数指向同一对象则返回 True，否则返回 False	i = 100 j = 100 i is j 返回 True	is not	如果操作数指向不同对象则返回 True，否则返回 False	a = 2.5 b = 3.0 a is not b 返回 True
in	如果在指定的序列中找到值时，返回 True,否则返回 False	5 in [3,4,5,6] 返回 True	not in	如果在指定的序列中没有找到值时，返回 True，否则返回 False	'5' not in '12345' 返回 False

Python 语言支持链式关系表达式，相当于多个表达式之间逻辑与的关系，示例如下：

```
>>> 1 <= 2 <= 3                              #等价于 1 <= 2 and 2 <= 3
True
 >>>2 >= 1 > 10                              #等价于 2 >= 1 and 1 > 10
False
```

2.4.4 位运算符

位运算符将数字转换成二进制数来进行运算，位运算符只能用于整型数据，不能用于浮点型数据。

Python 中的位运算符如表 2-6 所示。

表 2-6 ▶ 位运算符

运算符	含 义	举 例	运算符	含 义	举 例
&	按位与、集合交集	2 & 3	|	按位或、集合并集	2 | 6
^	按位异或、对称差集	2 ^ 6	~	按位取反	~10
<<	按位左移	3 << 2	>>	按位右移	3 >> 2

示例如下：

```
>>> 2 & 10                          #首先转化成二进制数，然后右对齐，最后按位进行运算
2
>>> 2 | 10
10
>>> 2 ^ 2
0
>>> ~2
-3
>>> 8 >> 3
1
>>> 8 << 3
64
>>> {'a','b','c'} & {'c','d','e'}                    #集合交集
{'c'}
>>> {'a','b','c'} | {'c','d','e'}                    #集合并集，自动去掉重复元素
{'c', 'b', 'e', 'a', 'd'}
>>> {'a','b','c'} ^ {'c','d','e'}                    #对称差集
{'d', 'b', 'e', 'a'}
>>> {'a','b','c'} - {'c','d','e'}                    #差集
{'b', 'a'}
```

2.4.5 矩阵相乘运算符

矩阵相乘运算符@用于矩阵的乘法运算,示例如下:

```
>>> import numpy as np                              #导入 numpy 库
>>> x = np.array([1,2,3])                           #创建数组
>>> y = np.array([[4,5,6],[7,8,9],[10,11,12]])
>>> z = x @ y                                       #矩阵相乘
>>> z
array([48, 54, 60])
```

2.4.6 赋值运算符

赋值运算符分为简单赋值运算符和增量赋值运算符。

简单赋值运算符是指"=",而增量赋值运算符是指算术运算符、位运算符中的双目运算符后面再加上"="。

Python 支持多重赋值和多元赋值,多重赋值是指同一个引用可以同时被赋予多个变量,多元赋值是指赋值运算符"="的两边都是多个对象。

表 2-7 列出 Python 常用的赋值运算符。

表 2-7 ▶ 赋值运算符

运算符	含义	举例	运算符	含义	举例
+=、-=、/=、//=、*=、**=、%=	算术增量赋值符,x op= y 相等于 x = x op y	x = 10 x += 2 x /= 2 x %= 4	<<=、>>=、&=、|=、^=	位增量赋值符,x op= y 相等于 x = x op y	x = 2 x <<= 1 x &= 10
=	赋值运算符	x = 2			

赋值运算符示例如下:

```
>>> x = 10
>>> x >>= 2                                         #和 x = x >> 2 等价
>>> print(x)
2
>>> x = y = z = 10                                  #多重赋值
>>> print(x,y,z)
10 10 10
>>> y = 20
>>> x,y,z = x+y,x+z,y+z                             #多元赋值
>>> print(x,y,z)
30 20 30
```

2.5 表达式

表达式是变量、数字、运算符、函数、括号等构成的有意义组合体，表达式的返回值是一个单一的数字。

在一个表达式中，Python 会根据运算符的优先级从低到高进行运算。运算符的优先级如表 2-8 所示，优先级由上到下依次递减，同一级的按照结合性从左到右顺序(除了幂运算是从右向左)。

表 2-8 ▶ 运算符优先级

运 算 符	说 明
(expressions,...)、[expressions,...]、{key:value,...}、{expressions,...}	元组、列表、字典、集合
x[index]、x[start:end:step]、x(arguments,...)、x.attribute	下标、切片、函数调用、属性引用
**	幂运算
+x、-x、~x	正数、负数、按位取反
*、@、/、//、%	乘法、矩阵乘、除法、整除、取余
+、-	加、减
<<、>>	左移、右移
&	按位与
^	按位异或
|	按位或
in、not in、is、is not、<、<=、>、>=、!=、==	成员、身份、比较
not	逻辑非
and	逻辑与
or	逻辑或
lambda	lambda 表达式

2.6 常用函数

Python 中的函数分为内置函数、模块函数和用户自定义函数。

2.6.1 内置函数

内置函数(BIF，built-in functions)是 Python 内置对象类型之一，是不需要导入任何模块即可使用的一类函数，内置在 Python 解释器中。执行 dir(__builtins__)可以列出所有的内置函数，使用 help(函数名)可以查看某个函数的用法。常用内置函数如表 2-9 所示。

表2-9 ▶ 常用内置函数

函 数 名	说 明
abs(x)	返回数字 x 的绝对值或复数 x 的模
ascii(obj)	把对象转换为 ASCII 码表示形式，必要时使用转义字符来表示特定的字符
bin(x)	把整数 x 转换为二进制串表示形式
bool(x)	返回与 x 等价的布尔值 True 或 False
bytes(x)	把指定对象 x 转换为字节串的表示形式
float(x)	把整数或字符串 x 转换为浮点数
int(x[, d])	返回实数(float)、分数(Fraction)或高精度实数(Decimal)x 的整数部分，或把 d 进制的字符串 x 转换为十进制并返回，d 默认为十进制
hex(x)	把整数 x 转换为十六进制串
oct(x)	把整数 x 转换为八进制串
chr(x)	返回 Unicode 编码为 x 的字符
ord(x)	返回字符 x 的 Unicode 编码
str(obj)	把对象 obj 直接转换为字符串
dir(obj)	返回指定对象或模块的成员列表，不带参数则返回当前作用域内所有标识符
isinstance(obj, type)	测试对象 obj 是否属于指定类型(如果有多个类型的话需要放到元组中)
type(obj)	返回对象 obj 的类型
max(x)、min(x)	返回可迭代对象 x 中的最大值、最小值，要求 x 中的所有元素之间可以比较大小，允许指定排序规则和 x 为空时返回的默认值
pow(x, y, z=None)	返回 x 的 y 次方，等价于 x ** y 或(x ** y) % z
round(x [, 小数位数])	对 x 进行四舍五入，若不指定小数位数，则返回整数
len(obj)	返回对象 obj 包含的元素个数
hash(x)	返回对象 x 的哈希值，如果 x 不可哈希则抛出异常
help(obj)	返回对象 obj 的帮助信息
id(obj)	返回对象 obj 的标识(内存地址)
divmod(x, y)	返回包含整商和余数的元组
enumerate(iterable)	返回包含元素形式为(0, iterable[0]), (1, iterable[1])...的迭代器对象
eval(s[, globals[, locals]])	计算并返回字符串 s 中表达式的值
filter(func, seq)	返回 filter 对象，其中包含序列 seq 中使得单参数函数 func 返回值为 True 的那些元素。如果函数 func 为 None 则返回包含 seq 中等价于 True 的元素的 filter 对象
list(x)、set(x)、tuple(x)、dict(x)	把可迭代对象 x 转换为列表、集合、元组或字典并返回，或生成空列表、空集合、空元组、空字典

续表

函 数 名	说 明
zip(seq1 [, seq2 [...]])	返回 zip 对象,其中元素为(seq1[i], seq2[i], ...)形式的元组,最终结果中包含的元素个数取决于所有参数序列或可迭代对象中最短的那个
range([start,]end[,step])	返回 range 对象,其中包含左闭右开区间[start,end)内以 step 为步长的整数
map(func, *iterables)	返回包含若干函数值的 map 对象,函数 func 的参数分别来自于 iterables 指定的每个迭代对象
reversed(seq)	返回 seq(可以是列表、元组、字符串、range 以及其他可迭代对象)中所有元素逆序后的迭代器对象
sorted(iterable, key=None, reverse=False)	返回排序后的列表,其中 iterable 表示要排序的序列或迭代对象,key 用来指定排序规则或依据,reverse 用来指定升序或降序。该函数不改变 iterable 内任何元素的顺序
sum(x, start=0)	返回序列 x 中所有元素之和
compile()	用于把 Python 代码编译成可被 exec()或 eval()函数执行的代码对象
complex(real, [imag])	返回复数
exec(x)	执行代码或代码对象 x
exit()	退出当前解释器环境

2.6.2 模块函数

除了内置函数,Python 还提供了模块函数。模块函数是指定义在 Python 模块中的函数,使用前需要先导入所在的模块,调用方法为"模块名.函数名( )"。本节简单介绍常用的 math 模块和 random 模块中的部分函数。

1. math 模块

math 模块提供了众多功能强大的数学函数,可以有效提高编程效率,部分函数如表 2-10 所示。使用这些函数时,需要使用 import math 导入 math 模块。

表 2-10 ▶ math 模块提供的部分函数

函数名	说 明	实 例
fabs(x)	以小数类型返回 x 的绝对值	math.fabs(-7)结果是 7.0
ceil(x)	返回 x 向上取整的结果	math.ceil(2.3)结果是 3
floor(x)	返回 x 向下取整的结果	math.floor(2.8)结果是 2
factorial(x)	返回 x 的阶乘	math.factorial(3)结果是 6
exp(x)	返回 e 的 x 次方	math.exp(1)结果是 2.718281828459045
log(x[,base])	返回以 base 为底 x 的对数 $\log_{base} x$;省略 base 参数,则返回 x 的自然对数 $\ln x$	math.log(2)结果是 0.6931471805599453

续表

函数名	说　　明	实　　例
pow(x,y)	返回 x^y 的结果	math.pow(2,3)结果是 8.0
hypot(x,y)	返回欧几里得范数 $\sqrt{x^2+y^2}$	math.hypot(1.1,2.2)结果是 2.459674775249769
sin(x) cos(x) tan(x)	返回 x 的正弦值、余弦值、正切值，x 以弧度表示	math.sin(math.pi/2)结果是 1.0 math.cos(math.pi)结果是-1.0 math.tan(math.pi/4)返回 0.9999999999999999
asin(x) acos(x) atan(x)	返回 x 的 arcsin、arccos、arctan 的以弧度表示的值	math.asin(1)/math.pi 返回 0.5 math.acos(-1.0)/math.pi 返回 1.0 math.atan(1.0)/math.pi 返回 0.25
degrees(x)	将 x 从弧度值转换为角度值	math.degrees(math.pi)返回 180.0
radians(x)	将 x 从角度值转换为弧度值	math.radians(180)返回 3.141592653589793
gcd(a,b)	返回 a 和 b 的最大公约数	math.gcd(16,4)返回 4
trunc(x)	返回实数 x 被截断后的整数部分	math.trunc(-12.6)返回-12
modf(x)	返回实数 x 的小数部分和整数部分	math.modf(3.5)返回(0.5, 3.0)

2. random 模块

在编写程序时，经常需要提供一些随机数据。大多数编程语言提供了生成伪随机数的函数，这类函数被封装在 random 模块中。random 模块提供的部分函数如表 2-11 所示。

表 2-11 ▶ math 模块的部分函数

函数名	说　　明	举　　例
random()	返回[0.0,1.0]区间内的一个随机小数	random.random()返回 0.9523521796999529
uniform(a,b)	返回[a,b]区间内的一个随机小数	random.uniform(1,3)返回 2.34035404015541
randint(a,b)	返回[a,b]区间内的一个随机整数	random.randint(1,3)返回 2
randrange([start],end,[step])	返回[start,end]区间内的一个整数，start 和 step 默认都是 1	random.randrange(1,10)返回 5
choice()	随机返回给定序列中的一个元素	random.choice(['a','b','c'])返回'c'
shuffle(x)	将可变序列的所有元素随机排列	random.shuffle([1,2,3,4])返回[1, 4, 3, 2]
seed([x])	改变随机数生成器的种子，x 默认是系统时间	random.seed(10)

2.7　Python 程序基本结构

Python 程序由模块构成，模块中包含若干条语句，语句包含表达式。
Python 语法实质上是由语句和表达式组成的，表达式处理对象并嵌套在语句中。语句是对象生成的地方,有些语句会生成新的对象类型(函数、类等)。语句总是存在于模块中,而模块本身则又是由语句来管理的。

2.7.1 物理行和逻辑行

Python 程序由若干逻辑行组成。物理行是在编写程序时所看见的,而逻辑行是 Python 解释器看见的单行语句。一个逻辑行可以包含多个物理行。

Python 中语句不能跨逻辑行。在遇到较长的语句时,可以使用语句续行符号,将一条语句写在多行之中,这时一个逻辑行就包含多个物理行。

Python 中有两种续行方式,一种是使用"\"符号,应注意在"\"符号后不能有任何其他符号,包括空格和注释。另外一种特殊的续行方式是在使用括号(包括()、[]和{})时,括号中的内容可以分成多行书写,括号中的空白和换行符都会被忽略。示例如下:

```
s = 'This is a string. \
This continues the string.'
>>> print(s)
This is a string. This continues the string.
>>> a = ["this is the first demo",
        "this is the second demo",
        "this is the third demo"]
>>> print(a)
['this is the first demo', 'this is the second demo', 'this is the third demo']
```

通常使用空白行来分隔不同的函数和类。

2.7.2 语句分隔

通常建议每行只写一条语句,这样代码更加易读。如果想要在一个物理行中使用多于一条逻辑语句,那么需要使用分号";"来特别地标明这种用法,分号表示一个逻辑语句的结束。例如:

```
>>> a = 10; s = "Python"
```

2.7.3 缩进

Python 中行首的空白(空格或制表符)称为缩进,逻辑行的行首空白用来决定逻辑行的缩进层次,从而确定语句的分组。这就要求同一层次的语句必须有相同的缩进,每一组这样的语句称为一个代码块。语句末尾的冒号":"表示代码块的开始,这个冒号是必不可少的,错误的缩进会引发错误。

缩进通常在 if、for、while、函数、类等定义中使用。不能在代码块中随意使用缩进,不符合规定的缩进是不允许的。示例如下:

```
>>> if (a > 80):
        if (a <= 100):
```

```
            print("恭喜你!")                              #同一代码块缩进相同
            print("你非常优秀!")
    else:
        print("你还需要努力")                             #和第一个 if 在同一个层次
>>> a = 1
>>>   b = 2
SyntaxError: unexpected indent
```

不要混合使用制表符和空格来缩进,这在跨平台的时候无法正常工作。建议在每个缩进层次使用单个制表符(四个空格)。

2.7.4 注释

注释用于为程序添加说明性的文字。Python 解释器在运行程序时,会忽略被注释的内容。Python 的注释有单行注释和多行注释。

单行注释以"#"开始,表示本行"#"之后的内容为注释。单行注释可以单独占一行,也可以放在语句末尾。

多行注释可以跨行,包含在一对三引号'''...'''或"""..."""之间,且不属于任何语句的内容将被解释器认为是注释。示例如下:

```
>>> '''本程序从一个三位数中提取百位、十位和个位上的数字,
    使用内置函数 divmod()函数来返回商和余数'''
>>> x = 153
>>> a, b = divmod(x, 100)                                #返回商和余数
>>> b, c = divmod(b, 10)
>>> s = '''This is a statements,
    but it is not comment'''
```

注意:如果单行注释出现在 Python 程序第一行或者第二行,具有如下格式:
-*- coding: encoding-name -*-
它表示一种特殊的注释,用来声明编码格式,默认是 UTF-8。示例如下:

```
#!/usr/bin/python        #第一行告诉 Linux/Unix 系统使用的 Python 解释器,Windows 系统会忽略
# -*- coding: gbk -*-    #第二行告诉 Python 解释器按照 gbk 编码格式读取文件内容
```

2.8 基本输入输出

用 Python 进行程序设计时,输入是通过 input()函数来实现的,输出是通过 print()函数来完成的。

2.8.1　input 函数

input()的一般格式为：

x = input(['提示'])

该函数返回输入的对象。可输入数字、字符串和其他任意类型的对象。

input()函数用来接收用户从键盘上的输入，不论用户输入数据时使用什么界定符，input()函数的返回结果都是字符串，实际使用时需要将其转换为相应的类型再进行处理。

```
>>> x = input('Please input:')
Please input:3
>>> print(type(x))
<class 'str'>
>>> x = input('Please input:')
Please input:1
y = int(x) * 10
>>> y
10
>>> x = eval(input('Please input:'))
Please input:123 + 10
>>> x
133
>>>x,y,z = eval(input("请输入三个数:"))
请输入三个数:45,56,67
>>>print("%6d%6d%6d"%(x,y,z))
    45    56    67
>>>x = input("请输入三个数:")
请输入三个数:123 456 789
>>>a,b,c = map(int,x.split())    #使用 split 将输入的字符串按照空格分隔，再使用 int 函数转化为整型
>>>print("%6d%6d%6d"%(a,b,c))
   123   456   789
```

2.8.2　print 函数

print()函数的格式如下：

print([objects][, sep=' '][, end='\n'][,file=sys.stdout][,flush=False])

objects 是输出的对象；sep 是对象之间插入的分隔符，默认是空格；end 是添加在输出文本最后的一个字符，默认是换行符；file 指定输出内容发送到的文件，默认是显示器；flush 指定输出的内容是否立即写文件。示例如下：

(1) 输出一个或者多个对象。

print(123,"Python",[1,2,3])
123 Python [1, 2, 3]

(2) 指定输出分隔符。

>>> print(123,"Python",[1,2,3],sep=';')
123;Python;[1, 2, 3]

(3) 指定输出结尾符号。

>>> for i in [1,2,3]:
        print(i,end=";")
1;2;3;

(4) 指定输出文件。

>>> print(123,"Python",[1,2,3],file= open(r'c:\test.txt','w'),flush=True)

(5) 指定格式化串。格式化时使用%运算符，格式是："'格式化串' %参数"，其中格式化串可以包含格式化字符和常量字符串，Python 的格式化字符和 C 语言的类似。

>>>pi = 3.141592653
>>> print('PI = %10.3f' % pi)   #字段宽 10，精度 3
PI = 3.142

2.9 案例实战

1. 案例描述
(1) 已知三角形两条边的边长及其夹角，编写 Python 程序求第三条边的长度。
(2) 编写程序，计算平面上任意两点之间的曼哈顿距离和欧氏距离。

2. 案例实现
(1) 写出求三角形第三边的程序。代码如下：

```python
import math                                                    #导入 math 模块
x = input('输入两条边的长度及其夹角:')                          #输入字符串，以空格分隔
#split 函数使用自定义分隔符对字符串进行分割，map 函数完成字符串到浮点数的映射
a, b, theta = map(float, x.split())
c = math.sqrt(a ** 2 + b ** 2 - 2 * a * b * math.cos(theta * math.pi / 180))
print('第三条边的长度是:%.2f'% c)
```

(2) 编写求两点之间曼哈顿距离和欧氏距离的程序。代码如下：

```
import math
x1,y1,x2,y2 = eval(input("请输入平面内任意两点的横纵坐标(以，分隔)"))
print("你输入的坐标是：(%f,%f),(%f,%f)"%(x1,y1,x2,y2))          #格式化输出
distance1 = math.sqrt(math.pow(x1 - x2,2) + math.pow(y1 - y2,2))  #求欧氏距离
distance2 = math.fabs(x1 - x2) + math.fabs(y1 - y2)              #求曼哈顿距离
print("欧氏距离是:",distance1,"\n 曼哈顿距离是:",distance2)
```

本章小结

Python 提供了丰富的数据类型，这些数据类型拥有比其他语言更强大的功能，它们提高了程序的编写效率。Python 中一切皆为对象，变量仅仅有一个名字(标识符)，变量本身并没有类型，而与它们绑定的对象拥有类型。数据类型分为可变类型和不可变类型两种。Python 提供了丰富的运算符和内置函数，方便对数据进行各种处理。Python 程序使用缩进来体现代码块，不同于 C/C++和 Java，需要特别引起注意。输入使用 input()函数，输出使用 print()函数，input()函数返回一个字符串，可以根据实际需要进行数据类型转换。每个 Python 脚本都存储在一个模块中(.py)，使用非内置函数时需要先导入函数所在的模块。

课后习题

1. 为什么说 Python 是基于值的内存管理模式？
2. 解释 Python 中的运算符/和//的区别。
3. 编写程序，用户输入一个三位以上的整数，输出其百位以上的数字。
4. 编写程序，用户输入任意一个三位整数，输出其每位上的数字。
5. Python 内置函数＿＿＿＿＿＿＿＿用来返回数值型序列中所有元素之和。
6. 假设 n 为整数，那么表达式 n & 1 == n % 2 的值为＿＿＿＿＿＿。
7. 表达式 int('13', 16) 的值为＿＿＿＿＿＿。
8. 已知 x = 3，并且 id(x)的返回值为 496103280，那么执行语句 x += 6 之后，表达式 id(x) == 496103280 的值为＿＿＿＿＿＿。
9. 语句 x = 3 == 3, 5 执行结束后，变量 x 的值为＿＿＿＿＿＿。
10. 表达式 1 < 2 < 3 的值为＿＿＿＿＿＿。
11. 表达式 3 and 5 的值为＿＿＿＿＿＿。
12. 表达式 0 or 5 的值为＿＿＿＿＿＿。
13. print(1, 2, 3, sep=':') 的输出结果为＿＿＿＿＿＿。
14. 用户从键盘上输入 3 个整数，编写代码来对 3 个数由小到大进行排序。

第3章 序列结构

Python 序列类似于 C 语言中的数组，但功能要强大很多。Python 中常用的序列结构有列表、元组、字符串、字典、集合以及 range 等。除了字典和集合属于无序序列外，列表、元组和字符串都是有序序列。本章主要介绍列表、元组、集合、字典及字符串的定义和使用。使用序列结构，可以给我们编写 Python 程序带来很大的便利。

3.1 序列概述

序列(sequence)是一种用来存放多个值的数据类型。序列中对象类型可以相同也可以不同。序列中的每个元素可以通过索引来进行访问(集合类型除外)。序列按照其中的元素是否可变分为可变序列和不可变序列，按照元素是否有序分为有序序列和无序序列。具体参见表 3-1。

表 3-1 ▶ 序列结构比较

序列类型 比较项目	列表	元组	字典	集合
类型名称	list	tuple	dict	set
界定符	[]	()	{}	{}
是否可变	可变	不可变	可变	可变
是否有序	有序	有序	无序	无序
是否支持下标	支持(索引号)	支持(索引号)	支持(键)	不支持
元素分隔符	,	,	,	,
元素值的要求	无	无	键必须可哈希	可哈希
元素形式的要求	无	无	键:值对	可哈希
元素是否可重复	是	是	"键"不允许重复，"值"可以重复	否
元素查找速度	非常慢	很慢	非常快	非常快
新增和删除元素速度	尾部操作快 其他位置慢	不允许	快	快

3.2 列　　表

列表是 Python 内置的有序、可变序列。列表的所有元素放在一对中括号"[]"中，并使用逗号分隔开。

当列表元素增加或删除时，列表对象自动进行扩展或收缩内存，保证元素之间没有空隙。

在 Python 中，一个列表中的数据类型可以各不相同，可以同时为整数、实数、字符串等基本类型，甚至是列表、元组、字典、集合或其他自定义类型。

Python 中列表存放的元素是值的引用，并不直接存储值，类似于其他语言的数组。

需要注意的是，列表的功能虽然非常强大，但是负担也比较重，开销较大，在实际开发中，最好根据实际的问题选择一种合适的数据类型，要尽量避免过多地使用列表。

3.2.1 列表的创建和删除

将列表元素放置在一对方括号[]内，以逗号分隔，将这个列表赋值给变量，即可创建列表。也可以使用 list()函数将元组、range 对象、字符串或其他类型的可迭代对象转换为列表。当不再使用时，使用 del 命令删除整个列表。示例如下：

```
>>>a = [1,2,3,4]
>>> b = ['a','b','c','d']
>>> c = ["123",a,b]
>>> c
['123', [1, 2, 3, 4], ['a', 'b', 'c', 'd']]
>>> d = list("abc")
>>> d
['a', 'b', 'c']
>>> list(range(1,10,2))
[1, 3, 5, 7, 9]
>>> del a
```

3.2.2 列表的赋值和拷贝

1. 浅拷贝

浅拷贝会创建新对象，其内容是原对象的引用。之所以称为浅拷贝，是因为它仅仅只拷贝了一层。比如，切片操作返回的是列表元素的浅拷贝，也就是生成一个新的列表，并且把原列表中所有元素的引用都复制到新列表中。

如果原列表中只包含整数、实数、复数等基本类型或元组、字符串这样的不可变类型的数据，一般是没有问题的(不会影响)。

但是，如果原列表中包含列表、字典之类的可变数据类型，由于浅拷贝时只是把原列表的引用复制到新列表中，那么修改原列表或新列表中任何一个都会影响另外一个(针对使用序列提供的方法)。

```
>>> a = [1,2,3,"welcome",["C","Java","PHP"]]
>>> b = a.copy()                    #变量 b 浅拷贝变量 a
>>> a is b                          #a、b 指向不同的对象引用，内存地址不相同
False
>>> b
[1, 2, 3, 'welcome', ['C', 'Java', 'PHP']]
>>> id(a[3])
48591288
>>> a[3] = "hello"                  #创建一个新的不可变类型字符串
>>> a
[1, 2, 3, 'hello', ['C', 'Java', 'PHP']]
>>> id(a[3])
48694304
>>> id(a[4])
48787336
>>> b
[1, 2, 3, 'welcome', ['C', 'Java', 'PHP']]
>>> a[4].append("Python")           #针对原来可变类型列表，原对象引用不变
>>> a
[1, 2, 3, 'hello', ['C', 'Java', 'PHP', 'Python']]
>>> id(a[4])
48787336
>>> b
[1, 2, 3, 'welcome', ['C', 'Java', 'PHP', 'Python']]
```

2. 深拷贝

之所以称为深拷贝，是因为它可以拷贝父对象及其子对象两层。原始对象的改变不会造成深拷贝里任何子元素的改变。使用 copy 模块中的 deepcopy() 函数进行深拷贝，代码如下：

```
>>> import copy                     #导入 deepcopy()所在模块 copy
>>> a = [1,2,3,"welcome",["C","Java","PHP"]]
>>> b = copy.deepcopy(a)
>>> a is b
False
>>> a[4].append("Python")
>>> a
[1, 2, 3, 'welcome', ['C', 'Java', 'PHP', 'Python']]
>>> b
```

[1, 2, 3, 'welcome', ['C', 'Java', 'PHP']]

3. 直接赋值

在 Python 中，对象赋值实际上是拷贝对象的引用。当创建一个对象，然后把它赋给另一个变量的时候，Python 并没有拷贝这个对象，而只是拷贝了这个对象的引用。如果原始列表改变，被赋值的对象也会做相同的改变。代码如下：

```
>>> a = [1,2,"hello",["welcome","world"]]
>>> b = a                                           #变量 b 复制 a 的对象引用
>>> b is a
True
>>> a[2] = "xi'an"                                  #修改列表内容
>>> a
[1, 2, "xi'an", ['welcome', 'world']]
>>> b
[1, 2, "xi'an", ['welcome', 'world']]               #修改列表内容
>>> a[3][0] = "hello"
>>> a
[1, 2, "xi'an", ['hello', 'world']]
>>> b
[1, 2, "xi'an", ['hello', 'world']]
```

3.2.3 列表的常用操作

列表的常用方法参见表 3-2。

表 3-2 ▶ 列表的常用方法

函数	说 明
append(x)	将元素 x 添加至列表 list 尾部
extend(L)	将列表 L 中所有元素添加至列表 list 尾部
insert(index, x)	在列表 list 指定位置 index 处添加元素 x，该位置后面的所有元素后移一个位置
remove(x)	在列表 list 中删除首次出现的指定元素 x，该元素之后的所有元素前移一个位置
pop([index])	删除并返回列表 list 中下标为 index(默认为-1)的元素
clear()	删除列表 list 中所有元素，但保留列表对象
index(x)	返回列表 list 中第一个值为 x 的元素的下标，若不存在值为 x 的元素则抛出异常
count(x)	返回指定元素 x 在列表 list 中的出现次数
reverse()	对列表 list 所有元素进行逆序
sort(key=None, reverse=False)	对列表 list 中的元素进行排序，key 用来指定排序依据，reverse 决定升序(False)还是降序(True)
copy()	返回列表 list 的浅拷贝
deepcopy(list)	返回列表 list 的深拷贝

1. 把其他数据类型转换到列表

使用 list()函数可以完成可迭代对象到列表的转换，字符串对象可以通过 split()方法完成到列表的转换。示例如下：

```
>>> list("cat")
['c', 'a', 't']
>>> a_tuple = (100,200,300)
>>> list(a_tuple)                                    #转化元组到列表
[100, 200, 300]
>>> birthday = '07/28/1974'
>>> birthday.split("/")                              #转化字符串到列表
['07', '28', '1974']
```

2. 列表元素的访问与计数

列表元素的访问采用 lst[offset]方式，offset 可以是正整数，也可以是负整数。当 offset 为正整数时，表示从列表头开始计数，0≤offset≤len(lst)−1。当 offset 为负整数时，表示从列表末尾开始计数，−len(lst)≤offset≤−1。当列表元素是序列时，可以采用二级下标方式 lst[offset1][offset2]。当 offset 不在约定的范围内时，会引发"IndexError"异常。示例如下：

```
>>> a = [1,2,3,4,5,6,"abcd"]
>>> a[0]
1
>>> a[5]
6
>>> a[6]
'abcd'
>>> a[-1]
'abcd'
>>> a[-7] = 10
>>> a
[10, 2, 3, 4, 5, 6, 'abcd']
>>> a[6][0]                                          #使用二级索引
'a'
```

列表对象的 count()方法用来统计指定元素在列表中出现的次数，例如：

```
>>> aList = [3, 4, 5, 5.5, 7, 9, 11, 13, 15, 7]
>>> aList.count(7)
2
```

3. 列表元素的增加

列表元素的添加可以使用 append()、extend()和 insert()，或者使用"+"运算符。除了

"+"运算符外,其他几个方法都属于原地操作。

通过下标来修改序列中元素的值或通过可变序列对象自身提供的方法来增加和删除元素时,序列对象在内存中的起始地址是不变的,仅仅是被改变值的元素地址发生变化,这就是所谓的"原地操作"。

1) append()方法

通过 append()方法在当前列表尾部追加元素,是原地修改列表,速度较快。示例代码如下:

```
>>>aList = [3, 4, 5, 6]
>>> aList.append(7)
>>> aList
[3, 4, 5, 6, 7]
```

2) extend()方法

使用列表对象的 extend()方法可以将另一个迭代对象的所有元素添加至该列表对象尾部。通过 extend()方法来增加列表元素也不改变其内存首地址,属于原地操作。示例代码如下:

```
>>> aList   = [1,2,3,4]
>>> aList .extend([5,6])
>>> aList
[1, 2, 3, 4, 5, 6]
```

3) insert()方法

使用列表对象的 insert(index,x)方法可以将元素添加至列表的指定位置。

列表的 insert()方法可以在列表的任意位置插入元素,但由于列表的自动内存管理功能,insert()方法会引起插入位置之后所有元素的移动,这会影响处理速度。示例代码如下:

```
>>> aList .insert(3, 6)                    #在下标为 3 的位置插入元素 6
>>> aList
[1, 2, 3, 6, 4, 5, 6]
```

4) 使用"+"运算符

示例代码如下:

```
>>> aList = [1,2,3]
>>> aList = aList + [4,5]
>>> aList
[1, 2, 3, 4, 5]
```

通过"+"运算符来增加列表元素,实际上是创建了一个新列表,并将原列表中的元素和新元素依次复制到新列表的内存空间。由于涉及到大量元素的复制,该操作速度较慢,在涉及大量元素添加时不建议使用该方法。

5) 使用"*"运算符

使用乘法"*"来扩展列表对象,将列表与整数相乘,生成一个新列表,新列表是原列表中元素的重复。例如:

```
>>> aList = [1,2,3]
>>> aList = aList * 3
>>> aList
[1, 2, 3, 1, 2, 3, 1, 2, 3]
```

当使用"*"运算符将包含列表的列表重复并创建新列表时,并不是复制子列表的值,而是复制已有元素的引用。因此,当修改其中一个值时,相应的引用也会被修改。例如:

```
>>> bList = [[1,2,3]] * 3
>>> bList
[[1, 2, 3], [1, 2, 3], [1, 2, 3]]
>>> bList[0][0] = 4
>>> bList
[[4, 2, 3], [4, 2, 3], [4, 2, 3]]
```

4. 列表元素的删除

1) 使用 del 命令

示例如下:

```
>>> aList = [1,2,3]
>>> del aList[0]
>>> aList
[2, 3]
```

2) 使用列表对象的 pop()方法

使用列表的 pop()方法删除并返回指定位置(默认为最后一个)上的元素,如果给定的下标超出了列表的范围则抛出异常。例如:

```
>>> aList = list((1,2,3,4,5))
>>> aList
[1, 2, 3, 4, 5]
>>> aList.pop()
5
>>> aList.pop(2)
3
>>> aList
[1, 2, 4]
```

3) 使用列表对象的 remove()方法

使用列表对象的 remove()方法删除首次出现的指定元素，如果列表中不存在要删除的元素，则抛出异常。例如：

```
>>>aList
['a', 'b', 'c', 'a', 'a', 'd', 'e']
>>> aList.remove('a')
>>> aList
['b', 'c', 'a', 'a', 'd', 'e']
```

运行下面的程序，可以发现当循环结束后并没有把所有的"1"都删除，只是删除了一部分。为什么会发生这种现象？

```
>>> x = [1,2,1,2,1,1,1]
>>> for i in x:
        if  i == 1:
            x.remove(i)
>>> x
[2, 2, 1]
```

原因在于列表的自动内存管理功能。

当删除列表元素时，Python 会自动对列表内存进行收缩并移动列表元素，以保证所有元素之间没有空隙，增加列表元素时也会自动扩展内存并对元素进行移动，以保证元素之间没有空隙。每当插入或删除一个元素之后，该元素位置后面所有元素的索引就都改变了。

如何解决呢？可以改变删除元素的方向，从后向前删除。当列表收缩时，右侧元素的移位就不会造成元素索引位置变化导致的错误。见下例：

```
>>> x = [1,2,1,2,1,1,1]
>>> for i in range(len(x)-1,-1,-1):        #从后往前删，下标范围[6,0]
        if    x[i] == 1:
            del x[i]
>>> x
[2, 2]
```

5．列表元素的排序和反转

实际中，经常需要对列表的元素进行排序，可以使用 sort()和 sorted()。列表对象的 sort()方法用于按照指定的规则对列表中所有元素进行原地排序，该操作会改变原来列表元素的顺序。sorted()排序后会生成新列表，原列表不会改变。reverse()方法用于将列表所有元素逆序或翻转。

```
>>>import random                          #导入 random 模块
>>> a = list(range(8,20))                 #生成列表
```

```
>>> random.shuffle(a)                           #打乱列表
>>> a
[15, 8, 14, 16, 10, 19, 13, 18, 11, 17, 12, 9]
>>> b = sorted(a)                               #产生新列表存放排序结果
>>> b
[8, 9, 10, 11, 12, 13, 14, 15, 16, 17, 18, 19]
>>> a.sort(key=str)                             #原地排序,指定排序依据为字符串大小
>>> a
[10, 11, 12, 13, 14, 15, 16, 17, 18, 19, 8, 9]
>>> a.reverse()                                 #反转列表,原地操作
>>> a
[9, 8, 19, 18, 17, 16, 15, 14, 13, 12, 11, 10]
```

6. 列表切片操作

列表切片操作使用语法"list_name[start:end:step]",返回列表 list_name 的一个片段。

第一个数字 start 表示切片的开始位置,默认为 0;

第二个数字 end 表示切片的截止(不包含)位置,默认为列表的长度;

第三个数字 step 表示切片的步长,默认为 1。

当 step 为正整数时,表示正向切片。start 为 0 时可以省略,当 end 为列表长度时可以省略,当 step 为 1 时可以省略,省略步长时,还可以同时省略最后一个冒号。

当 step 为负整数时,表示反向切片。这时 start 位置应该在 end 位置的右侧,否则会返回空列表。start 默认为-1,end 默认为列表第 1 个元素前面的位置(-len(list_name) -1)。其中 -1 表示列表最后一个元素的位置,其他以此类推。

1) 使用切片获取列表的部分元素

使用切片可以返回列表中部分元素组成的新列表。切片操作不会因为下标越界而抛出异常,而是简单地在列表尾部截断或者返回一个空列表,代码具有更强的健壮性。示例如下:

```
>>> numbers = [1,2,3,4,5,6,7,8]
>>> a = numbers[::]                #返回包含原列表中所有元素的新列表
[1, 2, 3, 4, 5, 6, 7, 8]
>>> id(numbers)
43257480
>>> id(a)
43257608                           #切片产生一个新列表
>>> numbers[:]                     #省略位置和步长
[1, 2, 3, 4, 5, 6, 7, 8]
>>> numbers[::2]                   #从第 1 个元素开始,隔 1 个取元素
[1, 3, 5, 7]
>>> numbers[::-1]                  #反向切片
```

```
[8, 7, 6, 5, 4, 3, 2, 1]
>>> numbers[1:3]              #指定切片开始位置和结束位置，步长默认为 1
[2, 3]
>>> numbers[1::2]             #指定切片开始位置和步长，省略结束位置
[2, 4, 6, 8]
>>> numbers[0:10]             #省略步长
[1, 2, 3, 4, 5, 6, 7, 8]
>>> numbers[10:]              #开始位置越界，返回空列表
[]
>>> numbers[2:-3]             #位置 2 在位置-3 的左侧，正向切片
[3, 4, 5]
>>> numbers[2:-3:2]
[3, 5]
>>> numbers[7:-5:-2]          #位置 7 在位置-5 的右侧，反向切片
[8, 6]
>>> numbers[0::-1]            #步长为负数时，end 默认为列表第 1 个元素前面的位置
[1]
>>> numbers[0:7:-1]           #步长为负数时，start 位置在 end 位置的左侧，返回空列表
[]
```

2) 使用切片为列表增加/删除元素

可以使用切片操作在列表任意位置插入新元素或删除元素，但这并不影响列表对象的内存地址，属于原地操作。

```
>>> num = [1,2,3,4,5]
>>> num[len(num):]
[]
>>> num[len(num):] = [6,7,8]
>>> num
[1, 2, 3, 4, 5, 6, 7, 8]
>>> num[:1] = [-3,-2,-1]
>>> num
[-3, -2, -1, 2, 3, 4, 5, 6, 7, 8]
>>> aList = [3, 5, 7, 9]
>>> aList[:3] = []            #删除列表中前 3 个元素
>>> aList
[9]
```

7．列表推导式

列表推导式使用非常简洁的方式来快速生成满足特定需求的列表，代码具有非常强的

可读性。列表推导式语法形式如下：

```
[expression for expr1 in sequence1 if condition1
            for expr2 in sequence2 if condition2
            for expr3 in sequence3 if condition3
            ...
            for exprN in sequenceN if conditionN ]
```

列表推导式在逻辑上等价于一个循环语句，只是形式上更加简洁。

```
>>> num = [ a * a for a in range(10) if a != 5]
>>> num
[0, 1, 4, 9, 16, 36, 49, 64, 81]
>>> nation = [' China',' France ','England ']
>>> aList = [s.strip() for s in nation]
>>> aList
['China', 'France', 'England']
>>> a = [1,2,3]
>>> b = [4,5,6]
>>> c = [ x * y for x in a for y in b]        #注意嵌套关系，第 2 个循环作为第 1 个循环的循环语句
>>> c
[4, 5, 6, 8, 10, 12, 12, 15, 18]
```

8．列表成员测试

使用 in/not in 运算符可以判断一个元素是否在列表中。示例代码如下：

```
>>> aList = [1,2,3]
>>> a = 2
>>> a in aList
True
>>> 4 not in aList
True
```

9．列表的比较

关系运算符(<、>、==、!=、<=、>=)也可以用来对列表进行比较。两个列表的比较规则如下：比较两个列表的第 1 个元素，如果两个元素相同，则继续比较后面两个元素；如果两个元素不同，则返回两个元素的比较结果；一直重复这个过程直到有不同元素或者比较完所有元素为止。

```
>>> list1 = [1,2,3]
>>> list2 = [2,5,6]
>>> list1 > list2
False
```

```
>>> list1 < list2
True
```

10. 多个列表的迭代

使用 zip()函数可以完成对多个列表的迭代。

```
>>> days = ['Monday','Tuesday','Wednesday']
>>> courses = ['math','english','computer','science']
>>> for day,course in zip(days,courses):          #当最短的列表迭代完时，zip()将停止
        print(day,":study",course)
Monday :study math
Tuesday :study english
Wednesday :study computer
```

3.3 元　　组

　　列表的功能虽然很强大，但负担也很重，这在很大程度上影响了运行效率。有时候我们并不需要那么多功能，很希望能有个轻量级的列表，元组(tuple)正是这样一种类型。

　　列表和元组都属于有序序列，都支持使用双向索引访问其中的元素。

　　元组属于不可变(immutable)序列，不可以直接修改元组中元素的值，也无法为元组增加或删除元素。

　　元组没有提供 append()、extend()和 insert()等方法，无法向元组中添加元素；同样，元组也没有 remove()和 pop()方法，也不支持对元组元素进行 del 操作，不能从元组中删除元素，而只能使用 del 命令删除整个元组。

　　元组也支持切片操作，但是只能通过切片来访问元组中的元素，而不允许使用切片来修改元组中元素的值，也不支持使用切片操作来为元组增加或删除元素。

　　Python 内部对元组做了大量优化，访问速度比列表更快。如果定义一系列常量值，主要用途仅是对它们进行遍历或其他类似用途，而不需要对其元素进行任何修改。一般建议使用元组而不用列表。

3.3.1　元组的创建和删除

　　将元组元素放置在一对圆括号()内，以逗号分隔，将这个元组赋值给变量，即可创建元组；也可以使用 tuple()函数将列表、range 对象、字符串或其他类型的可迭代对象转换为元组。当不再使用时，可使用 del 命令删除整个元组。

```
>>> t1 = (1,2,3)                    #直接把元组赋值给一个变量
>>> t1[1] = 10                      #元组元素不可改变
Traceback (most recent call last):
TypeError: 'tuple' object does not support item assignment
```

```
>>> t2 = (4)                              #等价于 t2 = 4
>>> t3 = (4,)                             #元组中只有一个元素，必须在后面多写一个逗号
>>> t4 = tuple(range(5))                  #将其他迭代对象转换为元组
>>> t5 = ( )                              #空元组
>>> t1
(1, 2, 3)
>>> t2
4
>>> t3
(4,)
>>> t4
(0, 1, 2, 3, 4)
>>> color_tuple = 'Red','Green','Blue'    #多个元素时，可以省略()
>>> color_tuple
('Red', 'Green', 'Blue')
>>> del t4                                #只能删除整个元组
>>> del t4[1]                             #不能删除元组元素
Traceback (most recent call last):
TypeError: 'tuple' object doesn't support item deletion
```

3.3.2 元组的基本操作

元组也是序列，因此一些用于列表的基本操作也可以用在元组上，可以使用下标访问元组的元素，支持 count() 和 index() 两个方法；可以使用 in 和 not in 运算符来判断元素是否在元组中；可以对元组进行切片等。

```
>>> t = (1,2,3)
>>> tt = tuple(range(4,7))
>>> print("The second element in t is %d"%t[1])    #使用下标访问元组中指定位置的元素
The second element in t is 2
>>> ttt = t + tt                                    #元组连接
>>> ttt
(1, 2, 3, 4, 5, 6)
>>> tttt = ttt[1:7]                                 #元组切片
>>> tttt
(2, 3, 4, 5, 6)
>>> tttt.count(2)                                   #计算指定元素出现的次数
1
>>> tttt.index(5)                                   #计算指定元素第 1 次出现的下标
3
```

```
>>> (1,2,3) * 3                                    #元组可以数乘
(1, 2, 3, 1, 2, 3, 1, 2, 3)
>>> matrix = ((10,11,12),(20,21,22),(30,31,32))    #元组可以嵌套
>>> matrix
((10, 11, 12), (20, 21, 22), (30, 31, 32))
>>> matrix[0]
(10, 11, 12)
>>> matrix[0][0]
10
>>> del matrix                                      #元组的删除
```

3.3.3 生成器推导式

生成器推导式的用法与列表推导式非常相似，在形式上生成器推导式使用圆括号"()"作为界定符，而不是列表推导式所使用的方括号。

与列表推导式最大的不同是，生成器推导式的结果是一个生成器对象(generator object)。生成器对象类似于迭代器对象，具有惰性求值的特点，只在需要时生成新元素。生成器推导式比列表推导式具有更高的效率，空间占用非常少，尤其适合大数据处理的场合。

使用生成器对象时，可以根据需要将其转化为列表或元组，也可以使用生成器对象的__next__()方法或者内置函数 next()进行遍历，或者直接使用 for 循环来遍历其中的元素。但是不管用哪种方法访问其元素，只能从前往后访问每个元素，不可以再次访问已访问过的元素，也不支持使用下标访问其中的元素。当所有元素访问结束以后，如果需要重新访问其中的元素，必须重新创建该生成器对象。enumerate、filter、map、zip 等其他迭代器对象也具有同样的特点。

```
>>> gg = ((i + 2) ** 2 for i in range (10))        #创建生成器对象
>>> gg                                              #生成器对象
<generator object <genexpr> at 0x0000000002B7B9A8>
>>> list(gg)                                        #将生成器对象转换为列表
[4, 9, 16, 25, 36, 49, 64, 81, 100, 121]
>>> tuple(gg)                                       #生成器对象已遍历结束，没有元素了
()
>>> g = ((i+2)**2 for i in range(10))               #重新创建生成器对象
>>> g.__next__()                                    #使用生成器对象的__next__()方法获取元素
4
>>> next(g)                                         #使用函数 next()获取生成器对象中的元素
9
```

3.4 字　　典

字典(又被称为关联数组)是包含若干"键:值"元素的无序可变序列。字典中的每个元素包含用冒号分隔开的"键"和"值"两部分，表示一种映射或对应关系。定义字典时，所有的元素放在一对大括号"{}"中。

字典中元素的"键"可以是 Python 中任意不可变数据，例如整数、实数、复数、字符串、元组等可哈希数据，但不能使用列表、集合、字典或其他可变类型数据作为字典的"键"。另外，字典中的"键"不允许重复，而"值"是可以重复的。

3.4.1 字典的创建和删除

(1) 使用赋值运算符"="将一个字典赋值给一个变量即可创建一个字典变量。示例代码如下：

```
>>> empty_dict = {}                                  #定义一个空字典
>>> bierce = {                                       #定义一个非空字典
    "day":"A period of twenty-four hours",
    "positive":"Mistaken at the top of one's voice",
    "misfortune":"The kind of fortune that never misses"
    }
```

(2) 使用内置类 dict 以不同形式创建字典。

```
>>> lot = [(1,'a'),(2,'b'),(3,'c')]                  #定义一个包含 3 个元组的列表
>>> dict(lot)                                        #使用 dict 类转换列表到字典
{1: 'a', 2: 'b', 3: 'c'}
>>> keys = ['a', 'b', 'c', 'd']
>>> values = [1, 2, 3, 4]
>>> dic = dict(zip(keys, values))                    #根据已有数据创建字典
>>> dic
{'a': 1, 'b': 2, 'c': 3, 'd': 4}
>>> color_dict = dict(name = 'red',value = 0xff0000) #以关键参数的形式创建字典
>>> color_dict
{'name': 'red', 'value': 16711680}
>>> tos = ("1a","2b","3c")
>>> d = dict(tos)
>>> del d['1']                                       #删除字典元素，只能通过键来删除
>>> d
{'2': 'b', '3': 'c'}
```

```
>>> del d                                    #删除整个字典
```

3.4.2 字典的赋值和拷贝

使用赋值符"="时，任何对原字典的修改，都会影响到指向它的新字典。

使用copy()方法时，会产生一个新的字典，因此对原字典的修改不会影响到新字典。

```
>>> dic1 = {"green":"go","yellow":"go slowly","red":"stop"}
>>> dic2 = dic1
>>> dic1["blue"] = "go fast"
>>> dic1
{'green': 'go', 'yellow': 'go slowly', 'red': 'stop', 'blue': 'go fast'}
>>> dic2
{'green': 'go', 'yellow': 'go slowly', 'red': 'stop', 'blue': 'go fast'}
>>> dic1 = {"green":"go","yellow":"go slowly","red":"stop"}
>>> dic2 = dic1.copy()
>>> dic1["blue"] = "go fast"
>>> dic1
{'green': 'go', 'yellow': 'go slowly', 'red': 'stop', 'blue': 'go fast'}
>>> dic2
{'green': 'go', 'yellow': 'go slowly', 'red': 'stop'}
```

3.4.3 字典的基本操作

1．字典元素的访问

使用"键"作为下标就可以访问对应的"值"，如果字典中不存在这个"键"就会抛出异常。还可以通过get()方法返回指定"键"对应的"值"，并且允许指定该键不存在时返回特定的"值"。

使用keys()方法得到所有的"键"，使用values()方法得到所有的"值"，使用items()方法得到所有的"键"和"值"对。所有得到的对象都可以迭代，但是不可以索引。

示例如下：

```
>>> aDict = {'年龄': 19, '成绩': [85, 90,68,72], '姓名': '王宁', 'sex': '男'}    #定义字典
>>> aDict["年龄"]                              #访问"键"对应的"值"
19
>>> aDict["name"]                              #访问不存在的"键"
Traceback (most recent call last):
KeyError: 'name'
>>> aDict.get('name', 'Not Exists.')           #get()指定键不存在返回的值
'Not Exists.'
>>> aDict.keys()                               #访问所有"键"
```

```
dict_keys(['年龄', '成绩', '姓名', 'sex'])                    #可迭代，但不可索引
>>> aDict.values()                                          #访问所有"值"
dict_values([19, [85, 90, 68, 72], '王宁', '男'])            #可迭代，但不可索引
>>> aDict.items()                                           #返回整个字典内容
dict_items([('年龄', 19), ('成绩', [85, 90, 68, 72]), ('姓名', '王宁'), ('sex', '男')])
```

2. 字典元素的添加

使用字典的 update()方法来添加元素，还可以使用"键"的方式来增加元素。示例如下：

```
>>> aDict = {'年龄': 19, '成绩': [85, 90,68,72], '姓名': '王宁', 'sex': '男'}
>>> aDict['地址'] = "西安市长安区西京路 1 号"          #使用键的方式来添加元素
>>> aDict
{'年龄': 20, '成绩': [85, 90, 68, 72], '姓名': '王宁', 'sex': '男', '地址': '西安市长安区西京路 1 号'}
>>> aDict.update({"电话":"134********"})              #使用 update()方法来增加元素
>>> aDict
{'年龄': 20, '成绩': [85, 90, 68, 72], '姓名': '王宁', 'sex': '男', '地址': '西安市长安区西京路 1 号', '电话': '134********'}
```

3. 字典元素的修改

修改字典有两种方法，可以通过"键"的方式来赋值，或者使用 update()方法。示例如下：

```
>>> aDict.update({"成绩":[80,90,68,70]})
>>> aDict
{'年龄': 20, '成绩': [80, 90, 68, 70], '姓名': '王宁', 'sex': '男', '地址': '西安市长安区西京路 1 号', '电话': '134********'}
>>> aDict["成绩"] = [60,70,80,90]
>>> aDict
{'年龄': 20, '成绩': [60, 70, 80, 90], '姓名': '王宁', 'sex': '男', '地址': '西安市长安区西京路 1 号', '电话': '134********'}
```

4. 字典元素的删除

删除字典元素可以使用 del 命令，也可以使用字典对象的 pop()和 popitem()方法。如果要删除字典所有元素，使用 clear()方法。示例如下：

```
>>> del aDict["成绩"]
>>> aDict.pop("sex")                                 #弹出指定键对应的元素
'男'
>>> aDict.popitem()                                  #弹出一个元素，对空字典会抛出异常
('电话', '134********')
>>> aDict
```

{'年龄': 20, '姓名': '王宁', '地址': '西安市长安区西京路 1 号'}
>>> aDict.clear()
>>> aDict
{ }

5．字典元素的排序

字典可以按照"键"或者"值"来进行排序。示例如下：

```
>>> a = {"a":10,"c":1,"b":100}
#items()将字典的元素转换成了包含元组的可迭代对象，取元组中的第二个元素进行比较
>>> sorted(a.items(),key = lambda item:item[1])        #按照"值"升序排序
[('c', 1), ('a', 10), ('b', 100)]
>>>sorted(a.items(),key = lambda item:item[0])         #按照"键"升序排序
[('a', 10), ('b', 100), ('c', 1)]
```

3.5 集　　合

集合(set)属于 Python 无序可变序列，使用一对大括号"{}"作为界定符，元素之间使用逗号分隔。同一个集合内的每个元素都是唯一的，元素之间不允许重复。

集合中只能包含数字、字符串、元组等不可变类型(或者说可哈希)的数据，而不能包含列表、字典、集合等可变类型的数据。

3.5.1 集合的创建和删除

直接将集合赋值给变量，即可创建一个集合对象。

```
>>> aSet = {1,2,3}
>>> aSet
{1, 2, 3}
```

也可以使用 set()函数将列表、元组、字符串、range 对象等可迭代对象转换为集合。如果原来的数据中存在重复元素，则在转换为集合的时候只保留一个；如果原序列或迭代对象中有不可哈希的值，则无法转换成为集合，这时会抛出异常。

```
>>> aSet = set(range(6))                    #使用 range 对象创建集合
>>> aSet
{0, 1, 2, 3, 4, 5}
>>> bSet = set(['a','b','c','a'])           #转化时自动去掉重复元素
>>> bSet                                    #集合是无序的
{'b', 'c', 'a'}
>>> cSet = set("hello")
```

```
>>> cSet
{'e', 'l', 'o', 'h'}
```

3.5.2 集合的赋值和拷贝

集合的赋值(=)和拷贝(copy())与字典类似。

使用赋值符"="时,任何对原集合的修改,都会影响到指向它的新集合。

使用 copy()方法时,会产生一个新的集合,因此对原集合的修改,不会影响到新集合。

3.5.3 集合的基本操作

1. 集合元素的增加

使用集合对象的 add()方法可以增加新元素,如果该元素已存在则忽略该操作,不会抛出异常。

update()方法用于将另外一个集合中的元素合并到当前集合中,并自动去除重复元素。

```
>>> s1 = {1,2}
>>> s1.add(3)
>>> s1
{1, 2, 3}
>>> s1.update([3,4])
>>> s1
{1, 2, 3, 4}
```

2. 集合元素的删除

pop()方法用于随机删除并返回集合中的一个元素,如果集合为空则抛出异常。

remove()方法用于删除集合中的元素,如果指定元素不存在则抛出异常。

discard()用于从集合中删除一个特定元素,如果元素不在集合中则忽略该操作。

clear()方法清空集合删除所有元素。

```
>>> s1.remove(1)                        #删除指定元素 1
>>> s1
{2, 3, 4}
>>> s1.discard(5)                       #删除不存在元素 5 时会被忽略
>>> s1
{2, 3, 4}
>>> s1.pop()                            #随机删除并返回一个元素
2
>>> s1.clear()                          #清空集合内容
>>> s1
set()
```

3. 集合运算

集合之间可以进行交集"&"、并集"|"、差集"-"和对称差集"^"。

```
>>> aSet = set(range(6))
>>> aSet
{0, 1, 2, 3, 4, 5}
>>> bSet = {5,6,7,8}
>>> aSet & bSet                                  #集合交集
{5}
>>> aSet | bSet                                  #集合并集
{0, 1, 2, 3, 4, 5, 6, 7, 8}
>>> aSet - bSet                                  #集合差集
{0, 1, 2, 3, 4}
>>> aSet ^ bSet                                  #对称差集
{0, 1, 2, 3, 4, 6, 7, 8}
```

另外，集合之间还可以比较大小。

```
>>> a = {1,2,3,4,5,6}
>>> b = {1,2,4}
>>> a > b                                        #b 是 a 的真子集
True
>>> a == b
False
```

3.6 元组的封装与序列的拆封

元组的封装和序列的拆封提供了很多便利的语法特征。

所谓元组的封装指的是将多个值自动封装到一个元组中。

元组封装的可逆操作称为序列的拆封，用来将一个封装起来的序列自动拆分成若干个基本数据，可以使用序列拆封功能对多个变量同时进行赋值。

```
>>> t = "a","b","c"
>>> t
('a', 'b', 'c')
>>> a,b,c = t
>>> x, y, z = map(str, range(3))                 #使用可迭代的 map 对象进行序列拆封
>>>x
'0'
```

```
>>>d = {1:"a",2:"b",3:"c"}
>>>x,y,z = d.items()
>>>x
(1, 'a')
```

3.7 案例实战

1. 案例描述

(1) 编写一个 Python 程序，用来测试指定列表中是否包含敏感词语，如果存在则统计出现的次数。假设敏感词语包括"新疆独立"、"镇压"、"伊斯兰运动"、"爆炸"。

(2) 用户经常从网上购物，需要根据购物习惯推送一些相关产品，请问如何实现。

2. 案例实现

1) 敏感单词检测程序

代码如下：

```
import random
senwords = ('新疆独立','镇压','伊斯兰运动','爆炸')        #使用元组存放敏感词语
testwords = [random.choice(senwords) for i in range(1000)]   #随机产生 1000 个敏感词语
result = dict()                                              #使用字典存放敏感词语和次数
for items in testwords:
    if items in senwords:
        result[items] = result.get(items,0) + 1
for key,v in result.items():
    print(key,v,sep = '--->')
```

2) 购物习惯推送程序

代码如下：

```
from random import randrange
#随机产生购买的商品清单
data = {'user'+ str(i):{'product'+ str(randrange(1, 7)) for j in range(randrange(1,4))} for i in range(10) }
#待测用户曾经购买过的商品
user = {'product1', 'product5', 'product3'}
#查找与待测用户最相似的用户和喜欢购买的商品
similarUser, products = max(data.items(), key = lambda item: len(item[1] & user))
print("和你相似的用户是：",similarUser)
print("推荐商品如下：",products)
```

本章小结

列表、字符串、元组属于有序序列，支持双向索引，支持切片操作。字典和集合属于无序序列，字典可以通过"键"作为下标来访问其中的"值"，集合不支持使用下标方式来访问。列表支持在任意位置插入和删除元素，但一般建议尽量从列表的尾部进行插入和删除，这样可以获得更高的速度。切片可以返回列表、元组、字符串中的部分元素，也可以对列表中的元素进行修改。列表推导式和生成器推导式可以使用简洁的形式来生成满足特定需要的列表和元组。

课后习题

1. 编写程序，生成 100 个 0~200 之间的随机整数，并统计每个元素出现的次数。
2. 编写程序，用户输入一个列表和 2 个整数作为下标，然后输出列表中介于 2 个下标之间的元素组成的子列表。例如用户输入[10, 20, 30, 40, 50]和 2、4，程序输出[30,40,50]。
3. 使用列表推导式生成包含 10 个数字 6 的列表。
4. 编写程序，生成包含 20 个随机数的列表，然后将前 10 个元素升序排列，后 10 个元素降序排列，并输出结果。
5. 已知 x = list(range(20))，那么语句 print(x[100:200])的输出结果为_____。
6. 已知 x = list(range(20))，那么执行语句 x[:18] = []后列表 x 的值为_____。
7. 已知 x = ([1], [2])，那么执行语句 x[0].append(3)后 x 的值为_____。
8. 为什么应尽量从列表的尾部进行元素的增加与删除操作？
9. 表达式[1, 2, 3]*3 的执行结果为_____。
10. list(map(str, [1, 2, 3]))的执行结果为_____。

第 4 章 字 符 串

字符串(string)是一种表示文本的数据类型,字符串中的字符可以是 ASCII 字符、各种符号以及各种 Unicode 字符。本章介绍字符串的编码方式、字符串的定义、字符串的基本操作、字符串的格式化、字符串提供的方法等内容。

4.1 字符串的编码方式

字符串是一种有序字符的集合,用于表示文本数据。字符串可以包含零个、一个或者多个字符。字符串使用单引号' '、双引号" "或三引号(''' '''、""" """)作为其界定符。字符串可以使用 ASCII 字符、Unicode 字符以及各种符号。

随着信息技术的发展和信息交换的需要,各国的文字都需要进行编码,不同的应用领域和场合对字符串编码的要求也略有不同,常见的编码格式有 ASCII、UTF-8、Unicode、UTF-16、UTF-32、GB 2312、GBK、CP 936、base 64、CP 437 等。不同编码格式之间相差很大,采用不同的编码格式意味着不同的表示和存储形式,把同一字符存入文件时,写入的内容可能会不同,在读取其内容时必须要知道编码规则并进行正确的解码。

1. ASCII

美国国家标准协会制定的 ASCII(美国信息交换标准代码)是最通用的单字节编码格式,主要用于显示英语。ASCII 编码使用 7 位表示一个字符,共 128 个字符。它最大的缺点是字符集太小,只能用于英文。

2. GB 2312

GB 2312 是我国制定的简体中文编码格式,使用 1 个字节表示英文,2 个字节表示中文。GBK 是 GB 2312 的扩充,而 CP 936 是微软在 GBK 基础上开发的编码方式。GB 2312、GBK 和 CP 936 都使用 2 个字节表示中文。

3. Unicode

Unicode 编码完美地解决了多编码标准的混乱问题,它是全球文字的统一编码(例如,基本汉字的 Unicode 编码从 0x4E00 到 0x9FA5)。它为世界上各种文字的每个字符规定了一个唯一的编码,它可以实现跨语种、跨平台的应用。由于 Unicode 的一个字符会占用多个字节,如果文本中的内容基本上是英文,则使用 Unicode 编码会比 ASCII 编码占用更大的存储空间。本着节约存储空间的原则,又出现了基于 Unicode 字符集的可变长编码方案 UTF-8。

4. UTF-8

UTF-8 对全世界所有国家需要用到的字符进行了编码规则设计,是 Unicode 编码的具体存储实现。它以 1 个字节表示英语字符(兼容 ASCII),以 3 个字节表示中文,还有些语言的符号使用 2 个字节(例如俄语和希腊语符号)或 4 个字节。

Python 3.x 完全支持中文字符,默认使用 UTF-8 编码格式,无论是一个数字、英文字母,还是一个汉字,在统计字符串长度时都按一个字符对待和处理。

字符串属于不可变序列,这意味着不可以直接修改字符串的值。

UTF-8 编码格式示例如下:

```
>>> 'Python 语言'.encode('utf8')          #采用 UTF-8 编码格式进行字符串编码
b'Python\xe8\xaf\xad\xe8\xa8\x80'         #字节编码
>>> 'Python 语言'.encode('gb2312')
b'Python\xd3\xef\xd1\xd4'
>>> 'Python 语言'.encode('gb2312').decode('utf8')   #编码和解码格式不一致,导致错误
Traceback (most recent call last):
  UnicodeDecodeError: 'utf-8' codec can't decode byte 0xd3 in position 6: invalid continuation byte
>>> 'Python 语言'.encode('gb2312').decode('gb2312') #编码和解码格式一致,正确显示内容
'Python 语言'
>>> len("Python 语言")                    #求字符串长度,中文字符和英文字符都算 1 个
8
>>> s = "hello"
>>> s[0] = "w"                            #字符串是不可变序列,不允许直接修改其值
Traceback (most recent call last):
  TypeError: 'str' object does not support item assignment
>>> id(s)
45901000
>>> s = "Python"                          #修改字符串变量的值会导致重建一个对象
>>> id(s)
30758648
```

4.2 字符串的表示形式

字符串在 Python 中是十分重要的类型,一般用引号中间添加字符的形式表示。不同于其他语言,Python 中双引号(" ")与单引号(' ')是不加区分的,都可以用来表示字符串。

字符串有以下三种表示方式:

1. 使用单引号' '包含字符

单引号使用示例如下:

```
'Python'      'abc'      '中国'
```

注意：单引号表示的字符串里面不能包含单引号，比如 Let's go 不能使用单引号包含。

2. 使用双引号" "包含字符

双引号使用示例如下：

"PyCharm "　　"ABC "　　"北京"

注意：双引号表示的字符串里面不能包含双引号，并且只能有一行。

3. 使用三引号(''' '''或""" """)包含字符

三引号表示的字符串可以跨行，支持排版较为复杂的字符串。

注意：包含在一对三引号之间且不属于任何语句的内容，都被解释器认为是注释。

三引号使用代码如下：

'''
hello,world!
'''

单引号、双引号、三单引号、三双引号可以互相嵌套，用来表示复杂字符串。例如：

'123'　　'"中国年,最西安"活动'　　'"Python' 语言"　　'"Jack said, "I'm very good" "'

注意：Python 不支持字符类型。Python 采用字符串驻留机制，一般情况下，将短字符串(不多于 20 个字符)赋值给多个不同的对象时，内存中只有一个副本，多个对象共享该副本。但是，长字符串不遵守驻留机制。

空字符串表示为''或""。

前缀带 r 或者 R 的字符串表示 Raw 字符串(原始字符串)。Raw 字符串中的所有字符都被看作普通字符，忽略其中的转义字符。但是，字符串的最后一个字符不能是"\"。原始字符串主要用于正则表达式、文件路径或者 URL 的场合。

原始字符串示例如下：

```
>>>path = 'C:\Windows\twunk.exe'
>>> print(path)                                      #字符\t 被转义为水平制表符
C:\Windows    wunk.exe
>>> path = r'C:\Windows\twunk.exe'                   #原始字符串，任何字符都不转义
>>> print(path)
C:\Windows\twunk.exe
```

4.3　字符串的基本操作

4.3.1　字符串的访问方式

可以采用正向递增序号或者反向递减序号来访问字符串中的元素。

正向递增序号为0～L-1，最左侧字符序号为0，向右依次递增，最右侧字符序号为L-1，其中L为字符串的长度。

反向递减序号为-1～-L，最右侧字符序号为-1，向左依次递减，最左侧字符序号为-L。

Python字符串提供区间访问方式，采用[N: M]格式，表示字符串中索引序号从N到M（不包含M）的子字符串。其中，N和M可以混合使用正向递增序号和反向递减序号。如果N或者M索引值缺失，则采用默认值。

字符串也支持切片操作。

字符串的访问示例如下：

```
>>>str = "Python 大数据基础与实战"
>>>print(str[0],str[5],str[-1])
P n 战
>>>print(str[2:6])
thon
>>>print(str[0:-1:2])
Pto 大据础实
>>>print(str[:6])
Python
>>>print(str[6:])
大数据基础与实战
>>>print(str[:])
Python 大数据基础与实战
```

4.3.2 字符串的转义

需要在字符串中使用特殊字符时，Python用反斜线"\"对其进行转义。反斜线字符是一个特殊字符，在字符串中表示"转义"，即反斜线与后面相邻的一个字符共同组成了新的含义。

Python中常用的转义字符参见表4-1。

表4-1▶ 常用转义字符

转义字符	含义	转义字符	含义
\\	反斜线	\a	响铃符
\'	单引号	\b	退格符
\"	双引号	\f	换页符
\n	换行	\r	回车符
\t	水平制表符	\v	垂直制表符
\000	八进制表示的ASCII码对应的字符	\xhh	十六进制表示的ASCII码对应的字符

C语言把空字符"\0"作为字符串的结束标志，但是在Python中，空字符是作为一个普通字符处理的。示例如下：

```
>>> s = '\0\x61\101'         #一个空字符、一个十六进制和一个八进制表示的 ASCII 字符
>>> s
'\x00aA'                      #非打印字符用十六进制表示
>>> len(s)                    #返回字符串的长度
3
```

4.3.3 基本操作符

Python 中，字符串使用的基本操作符如表 4-2 所示。其中字符串的比较规则如下：
➢ 两个字符串按照从左到右的顺序逐个字符比较，如果对应的两个字符相同，则继续比较下一个字符。
➢ 如果找到了两个不同的字符，则具有较大 Unicode 码对应的字符串具有更大的值。
➢ 如果对应字符都相同且两个字符串长度相同，则两个字符串相等。
➢ 如果对应字符相同但两个字符串长度不同，则较长字符串具有更大的值。

表 4-2 ▶ 基本字符串操作符

操 作 符	描 述
x + y	连接两个字符串 x 与 y
x > y、x >= y、x < y、x <=y、x==y、x!=y	按照从左到右依次比较对应字符的 Unicode 码
x * n 或 n * x	将字符串 x 复制 n 次
x in s	如果 x 是 s 的子串，返回 True，否则返回 False
str[i]	返回字符串 str 中索引值是 i 的字符
str[N: M]	切片，返回索引值 N 到 M 的子串，不包含 M

字符串的基本操作符示例如下：

```
>>>s1 = "Hello" + " " + "Python"
>>>print(s1)
Hello Python
>>>s2 = "重要的事情说三遍！" * 3
>>>print(s2)
重要的事情说三遍！重要的事情说三遍！重要的事情说三遍！
>>>s3 = 'Python' in s1
>>>print(s3)
True
```

4.4 字符串的方法

字符串作为常用的一种数据类型，Python 语言提供了很多内建方法，如字符串的查找、索引、取长度、统计、替换和分割等，下面分别加以介绍。

1. 字符串查找

find()和 rfind()函数分别用来查找一个字符串在另一个字符串指定范围(默认是整个字符串)中首次和最后一次出现的位置，如果不存在则返回–1。

index()和 rindex()方法分别用来返回一个字符串在另一个字符串指定范围中首次和最后一次出现的位置，如果不存在则抛出异常。

count()方法用来返回一个字符串在当前字符串中出现的次数。

字符串查找的代码示例如下：

```
>>>mystr = "Python is an excellent language"
>>>index = mystr.find("an")
>>>print(index)
10
>>>index = mystr.find("programming")
>>>print(index)
-1
>>>index = mystr.index("excellent",0,30)
>>>print(index)
13
>>>str = "i love python,i am learning python"
>>>print(str.count("i"))
3
>>>print(str.count("i",2))            #从 str 中索引号是 2 开始的子串中统计
2
```

2. 字符串分隔

split()、rsplit()方法分别用来以指定字符为分隔符，把当前字符串从左往右、从右往左分隔成多个字符串，并返回包含分隔结果的列表。如果不指定分隔符，则字符串中的任何空白符号(空格、换行符、制表符等)都将被认为是分隔符，连续多个空白字符被看作一个分隔符。

partition()和 rpartition()用来以指定字符串为分隔符，将原字符串分隔为 3 部分：分隔符前的字符串、分隔符字符串、分隔符后的字符串。如果指定的分隔符不在原字符串中，则返回原字符串和两个空字符串。示例如下：

```
>>>str = 'WinXP||Win7||Win8||Win10'
>>>print (str.split('||'))
['WinXP', 'Win7', 'Win8', 'Win10']
>>>print (str.split('||',2))          #指定最大分隔次数为 2
['WinXP', 'Win7', 'Win8||Win10']
>>>str.partition("||")
('WinXP', '||', 'Win7||Win8||Win10')
```

3．字符串的连接

join()方法用来将序列中的多个字符串元素进行连接，形成一个字符串，并且在相邻两个字符串之间插入指定字符。示例如下：

>>>test = ["I","love","Python"]
>>>s = " ".join(test)   #指定插入字符为空格
>>>s
I love Python

使用"+"运算符也可以连接字符串，但是效率较低，应优先使用join()方法。

4．字符串的大小写转换

lower()返回小写字符串，upper()返回大写字符串，capitalize()将字符串首字符大写、title()将字符串中每个单词首字符大写、swapcase()完成大小写互换。示例如下：

>>> s = "i am a teacher"
>>> s.lower()
'i am a teacher'
>>> s.upper()
'I AM A TEACHER'
>>> s.capitalize()
'I am a teacher'
>>> s.title()
'I Am A Teacher'
>>> s.swapcase()
'I AM A TEACHER'

5．字符串替换

replace(old,new,max)方法把字符串中的old(旧字符串)替换成new(新字符串)，如果指定第三个参数max，则替换不超过max次。示例如下：

>>>str = "this is string example....wow!!! this is really string"
>>>print (str.replace("is", "was"))
thwas was string example....wow!!! thwas was really string
>>>print (str.replace("is", "was", 3))
thwas was string example....wow!!! thwas is really string

6．字符串删除

strip()删除字符串两端指定的字符，rstrip()删除字符串右端指定的字符，lstrip()删除字符串左端指定的字符。示例如下：

>>> s = "   he is a student\t\t"
>>> s.strip()   #删除 s 左右两端的空白字符，包括空格、制表符、换行符、中文空格等

```
'he is a student'
>>> s.rstrip("\t")                    #删除 s 右端的\t 的字符
' he is a student'
>>> 'aabbccddeeeffg'.strip('gaef')
'bbccdd'
```

7. 字符串测试

isalnum()、isalpha()、isdigit()、isdecimal()、isnumeric()、isspace()、isupper()、islower()，分别用于测试字符串是否为数字或字母、是否为字母、是否为数字字符、是否为空白字符、是否为大写字母以及是否为小写字母，满足条件时返回 True，不满足时返回 False。示例如下：

```
>>> '1234abcd'.isalnum()
True
>>> '1234abcd'.isalpha()                                    #全部为英文字母时返回 True
False
>>> '1234abcd'.isdigit()                                    #全部为数字时返回 True
False
>>> '1234'.isdigit()
True
>>>'九'.isnumeric()                                          #isnumeric()方法支持汉字数字
True
>>> 'ⅠⅤⅢⅩ'.isnumeric()                                      #支持罗马数字
True
>>> '123'.isdecimal()
True
```

8. eval()

内置函数 eval()尝试把任意字符串转化为 Python 表达式并求值。示例如下：

```
>>> eval(" 10 * 2 / 5")
4.0
```

9. startswith()、endswith()

这两个方法用来判断字符串是否以指定字符串开始或者结束。示例如下：

```
>>>"test.py".endswith((".py",".cpp",".java"))
True
>>>"test.py".startswith("test",0)
True
```

10. center()、ljust()、rjust()

这三个方法用于返回指定宽度的新字符串,原字符串居中、左对齐或右对齐出现在新字符串中。如果指定的宽度大于字符串长度,则使用指定的字符(默认为空格)填充。示例如下:

```
>>>"let's begin".center(20,"+")
"++++let's begin+++++"
>>>"let's begin".ljust(20,"-")
"let's begin---------"
```

4.5 字符串常量

Python 标准库 string 中定义了数字字符(string.digits)、标点符号(string.punctuation)、英文字母(string.ascii_letters)、大写字母(string.ascii_uppercase)、小写字母(string.ascii_lowercase)等常量。示例如下:

```
>>> import string
>>> string.digits
'0123456789'
>>> string.punctuation
'!"#$%&\'()*+,-./:;<=>?@[\\]^_`{|}~'
>>> string.ascii_letters
'abcdefghijklmnopqrstuvwxyzABCDEFGHIJKLMNOPQRSTUVWXYZ'
>>> string.ascii_lowercase
'abcdefghijklmnopqrstuvwxyz'
>>> string.ascii_uppercase
'ABCDEFGHIJKLMNOPQRSTUVWXYZ'
```

4.6 字符串的格式化

Python 的字符串格式化有两种方式:格式化表达式和 format()方法。

4.6.1 格式化表达式

字符串格式化表达式用%表示,%之前是需要进行格式化的字符串,%之后是需要填入字符串中的实际参数。语法如下:

```
"%格式控制符"%实际参数
```

Python 常用的格式控制符如表 4-3 所示。

表 4-3 ▶ 常用的格式控制符

格式字符	含 义	格式字符	含 义
%c	单个字符	%o	八进制整数
%s	字符串	%x	十六进制整数(小写字母)
%d	十进制整数	%X	十六进制整数(大写字母)
%f	十进制浮点数	%E	指数格式的浮点数(底是 E)
%e	指数格式的浮点数(底是 e)	%b	二进制整数

此外，格式化控制符还支持如下形式：
- m.n：m 是数字的总宽度，n 是小数位数；
- -：用于左对齐；
- +：在正数前面显示加号；
- 0：显示的数字前面填充'0'取代空格。

示例如下：

```
>>>print('My name is %s and weight is %d kg!' % ('Tom', 30))
My name is Tom and weight is 30 kg!
>>>print('%c' % 97)
a
>>>print('%f' % 3.1415926)              #默认保留 6 位小数
3.141593
>>>print('%20.2f' % 3.1415926)          #返回的数字宽度是 20 位,保留 2 位小数,默认右对齐
                3.14
```

4.6.2 format()方法

字符串 format()方法的格式如下：

<模板字符串>.format(<逗号分隔的参数>)

<模板字符串>是由一系列占位符组成的，用来控制字符串中嵌入值的出现位置及格式，<逗号分隔的参数>按照序号顺序替换到<模板字符串>的占位符处。占位符如何被替换取决于每个格式说明符，格式说明符以":"作为其前缀来表示。

占位符用大括号{}括起来，如果大括号中没有序号，则按照位置顺序替换。除了通过序号来指定填充的参数外，还可以通过关键字参数、下标、字典的键或对象的属性来填充。

示例如下：

```
>>>print('{}:计算机{}的 CPU 占用率为{}%.'.format('2019-01-30', 'Python', 10))
2019-01-30:计算机 Python 的 CPU 占用率为 10%.
>>>print('{1}:计算机{0}的 CPU 占用率为{2:3.1f}%.'.format('Python', '2019-01-30', 10))
2019-01-30:计算机 Python 的 CPU 占用率为 10.0%.
```

```
>>>print('{date}:计算机{process}的 CPU 占用率为{per}%.'.format(date='2019-01-30', process='Python',\
per=10))
```
2019-01-30:计算机 Python 的 CPU 占用率为 10%.
```
>>>names=['Romeo','Juliet']
>>>print('I am {args[0]}, I love {args[1]}.'.format(args=names))
```
I am Romeo, I love Juliet.
```
>>>person = {'name': 'Liu', 'age': 24, 'job': 'Pythoneer'}
>>>print('I am {person[name]}, {person[age]} years old, a {person[job]}.'.format(person=person))
```
I am Liu, 24 years old, a Pythoneer.

4.7 案例实战

1. 案例描述
(1) 编写程序，输入任意一个字母，将字母循环后移 5 个位置后输出显示。
(2) 编写程序，生成 100 个 4 位数的验证码，从中随机挑选一个。

2. 案例实现
(1) 编写字母循环后移程序。代码如下：

```python
c = input("Please input a character:")
if c.isalpha():                                         #判断输入字符串是否为字母
    if  'a'<= c <= 'u' or 'A' <= c <= 'U':
        result = chr(ord(c) + 5)
    if  'v' <= c <= 'z' or 'V' <= c <= 'Z':
        result = chr(ord(c) - 21)
    print(result)
else:
    print("You must input a character,not is {0}".format(c))
```

(2) 编写验证码生成程序。代码如下：

```python
import string                                           #导入 string 模块
import random                                           #导入随机数模块
characters = string.digits                              #创建数字字符变量
def getRandomPwd(n):                                    #函数返回一个包含 n 个 4 位数的列表
    return [''.join((random.choice(characters) for _ in range(4))) for _ in range(n)]
if __name__ == "__main__":
#随机从返回的列表样本中抽取 1 个 4 位数
    verifCode = random.sample(getRandomPwd(100),1)
```

```
print("验证码为:{[0]}".format(verifCode))
```

本章小结

字符串是一种有序、不可变的文本序列，在程序开发中使用较多。本章介绍了Python字符串的表示形式、基本操作运算符和常用方法，如字符串的查找、索引、取长度、统计、替换和分割等，最后讲解了字符串的格式化。通过对本章的学习，读者应该掌握字符串的相关操作，并能够在程序中灵活应用它们。

课后习题

1. 当需要在字符中使用特殊字符时，Python用(　　)作为转义字符。
   A. \　　　　　　　　B. /　　　　　　C. #　　　　　　　　D. %
2. 下列数据中，不属于字符串的是(　　)。
   A. 'abc'　　　　　　B. '"Python"'　　C. "51job"　　　　　D. _main
3. 下列方法中，能够返回某个字符在字符串中出现的次数的是(　　)。
   A. len　　　　　　　B. index　　　　C. count　　　　　　D. find
4. 三个字符串变量 a = 'I'; b = 'like'; c = 'Python'，拼接输出字符串 'I like Python'。下面不正确的语句是(　　)。
   A. print(a,b,c)　　　　　　　　　　　B. print(a +' '+ b +' '+c)
   C. print("%s %s %s"%(a,b,c))　　　　D. print(a.join(b).join(c))
5. 不能正确输出字符串 'I like Python'的语句是(　　)。
   A. print('I {} Python'.format('like'))　　　B. print('I {} Pyhon'.replace('{}','like'))
   C. print('I {} Pyhon'%('like'))　　　　　　D. print('I %s Pyhon'%('like'))
6. 制作趣味模板程序。用户输入姓名、地点、爱好，根据用户的姓名、地点和爱好进行组合显示。如：可爱的XXX，最喜欢在XXX地方进行XXX。
7. 编写一个程序，统计字符串中指定字符出现的次数(不能使用count()方法)。例如，统计字符串"Count the number of spaces."中空格的数量。

第 5 章 流程控制

前面章节学习了 Python 的基本语法和内置的数据结构，本章我们要学习 Python 常用的流程控制语句。程序流程控制语句是程序设计语言的基础，是编程的重点。Python 通过选择语句 if、if…else、if…elif…else 和循环语句 while、for 等实现程序的流程控制功能。

5.1 条件表达式

在选择结构和循环结构中，常常需要对条件表达式的值进行判断，来确定下一步的执行流程。在 Python 中，条件表达式的构成要比其他语言灵活得多，单个常量、变量或者任意合法表达式(包括函数调用表达式)都可以作为条件表达式。

在条件表达式中可以使用算术运算符、关系运算符、逻辑运算符、位运算符和矩阵相乘运算符等。

1. 条件表达式值为 False 的情况

False、0(0.0、0j)、None、空列表、空元组、空集合、空字典、空字符串、空 range 对象或其他空迭代对象，Python 解释器均认为等价于 False。

2. 条件表达式值为 True 的情况

条件表达式的值只要不是 False，Python 均认为与 True 等价。

Python 不同于其他语言，条件表达式中不能使用赋值运算符"="，否则会抛出异常。

5.2 选 择 结 构

5.2.1 单分支选择结构

单分支选择结构是最简单的一种形式，Python 提供了 if 语句来支持单分支结构。其语法结构如下所示，其中冒号":"是不可缺少的。

> if 条件表达式:
>   满足条件时要执行的语句块

其中 if 为 Python 关键字，当条件表达式的值为 True 或其他等价值时，条件得以满足，执行冒号后面的语句块。当条件表达式的值为 False 时，语句块不会被执行。

示例如下：

```
math = 65
print('开始进入 if 语句并判断表达式的值是否为 True')
if math >= 85:                           #条件表达式
    print('数学成绩优秀')                  #if 语句块，满足条件执行，否则不执行
print('if 语句运行结束')                   #if 语句结构外语句
```

注意：
- if 语句中关系运算符可以连用，如 if 60 <= math <= 70；
- 在 Python 中使用 "=" 表示赋值语句，"==" 表示相等，if 语句中要使用 "=="；
- 在每个条件表达式后面要使用冒号 ":" 来表示语句块的开始；
- 使用缩进来划分语句块，同一段语句块中的每条语句都要保持同样的缩进。

5.2.2 双分支选择结构

单分支结构可以决定条件为真时要做的事情，无法决定条件为假时如何做，这时就需要使用双分支选择结构的 if...else 语句。其语法结构如下：

```
if 条件表达式:
    满足条件时要执行的语句块 1
else:
    不满足条件时要执行的语句块 2
```

当表达式值为 True 或者其他等价值时，执行语句块 1，否则执行语句块 2。

代码示例如下：

```
day = "正月初一"
if   day == "年三十":                    #if 语句条件表达式
    print('今天是除夕')                   #满足条件时执行的语句块
else:                                    #不满足条件执行的语句块
    print('过年了')
    print('可以拿压岁钱了')
```

Python 还引入了条件表达式，作为一种轻量级的双分支结构，类似于 C 语言中的三目运算符。条件表达式的语法如下：

```
value1 if conditions else value2
```

当条件表达式 conditions 的值为 True 时，整个表达式的值为 value1，否则表达式的值为 value2。此外，在 value1 和 value2 中还可以使用复杂表达式，包括函数调用和基本输入输出语句。示例如下：

```
>>>day = "大年初一"
```

>>>action = "除夕" if day == "年三十" else "非除夕"
>>>print(action)
非除夕

5.2.3 多分支选择结构

如果有多个情况需要进行选择的话，使用上面两种结构已经无法解决。这时就需要使用多分支结构 if…elif…else 语句，通过它可以对 if 语句中的多个条件进行判断，然后执行相应的语句块。

if…elif…else 语句用法如下：

if 条件表达式 1：
    满足条件 1 时要执行的语句块 1
elif 条件表达式 2：
    满足条件 2 时要执行的语句块 2
elif 条件表达式 3：
    满足条件 3 时要执行的语句块 3
elif 条件表达式 4：
    满足条件 4 时要执行的语句块 4
else：
    不满足上述条件时执行的语句块 5

if…elif…else 语句的执行流程如图 5-1 所示。

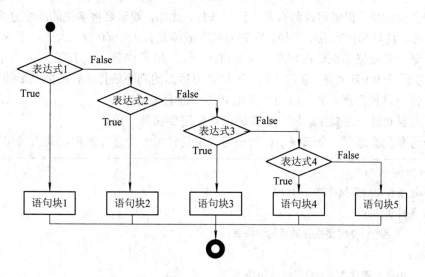

图 5-1 if…elif…else 语句执行流程

示例如下：

score = int(input("请输入你的分数："))
if   score >= 90 :

```
        print("你的等级是：A")
elif score >= 80 :
        print("你的等级是：B")
elif score >= 60 :
        print("你的等级是：C")
elif score >= 40 :
        print("你的等级是：D")
elif score >= 0 :
        print("你的等级是：E")
else:
        print("祝贺你已经完成成绩分级。")
```

注意：
- 不管有几个分支，程序执行了一个分支以后，其余分支不再执行；
- 如果分支中有多个表达式同时满足条件，则只执行第一条与之匹配的语句块；
- 在 Python 中没有 switch …case 语句；
- if…elif…else 允许省略 else 语句，表示前面所有条件都不满足时，不执行任何动作；
- elif 必须和 if 一起使用，否则程序会出错；
- 多个条件之间的不能相互包含。

5.2.4 选择结构的嵌套

在现实生活中，很多问题都有多个约束条件。比如，期末要将学生的成绩分为不及格、及格、中等、良好和优秀五个等级，首先要判断成绩是否大于 60 分，大于等于 60 分及格，否则不及格，对及格的成绩再判断，大于 70 分小于 80 分中等，大于等于 80 分小于 90 分良好，大于等于 90 分优秀。通过分析，可以看出后面的判断条件是在前面判断成立的基础上进行。针对这种问题，我们就可以使用 if 语句嵌套来解决。

if 语句嵌套时一定要注意同一层次的语句缩进要保持一致。

if 语句嵌套就是在一个选择结构的语句块中包含另一个选择结构，其用法如下：

```
if 条件表达式 1:
    满足条件 1 时要执行的语句块 1
    if 条件表达式 2:
        满足条件 2 时要执行的语句块块 2
    else:
        不满足条件 2 时要执行的语句块 3
else:
    不满足条件 1 时要执行的语句块 4
```

下面我们通过一个例子了解一下 if 嵌套语句的使用方法：

```
message = ["你的成绩及格","你的成绩中等","你的成绩良好","你的成绩优秀","你的成绩不及格"]
score = int(input("请输入你的分数："))
if 0 <= score <= 100:
    index = (score - 60) // 10
    if index >= 0:
        print(message[index])
    else:
        print(message[-1])
else:
    print("错误的成绩，成绩必须在 0 和 100 之间")
```

5.3 循环结构

在日常生活或者程序处理中经常要遇到重复处理的问题，比如检查 56 个学生的成绩是否及格。Python 提供了 while 和 for 两种循环控制结构，用来处理需要进行的重复操作，直到满足某些特定条件。

while 循环一般用于循环次数难以提前确定的情况，也可以用于循环次数确定的情况。for 循环一般用于循环次数可以提前确定的情况，尤其适用于枚举或者遍历序列、迭代对象中元素的场合。

for 循环写的代码通常更加清晰简单，因此编程时建议优先使用 for 循环。相同或不同的循环结构之间可以相互嵌套，也可以和选择结构嵌套使用，用来实现更为复杂的逻辑。

while 循环和 for 循环的执行流程如图 5-2 所示。

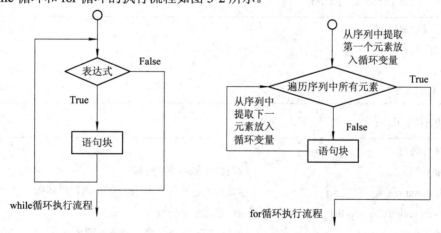

图 5-2　while 和 for 执行流程

1．while 循环

while 循环常见用法如下：

while 条件表达式：

    循环体

当表达式的值为 True 或其他等价值时，执行循环体，当表达式的值为 False 或其他等价值时，退出循环，不执行循环体。如果条件表达式的值一直为 True，循环将会无限地执行下去。所以写 while 循环时，一定要注意不能出现死循环，每次循环体执行完后，都要越来越接近条件表达式为 False 的情况。

2. for 循环

for 循环常见用法如下：

    for <循环变量> in <可迭代对象或迭代器>:
        循环体

循环变量从可迭代对象的第 1 个元素开始，逐个进行遍历，直到最后一个元素取完为止。

3. else 子句

while 循环和 for 循环都可以带 else 子句。

如果循环是因为条件表达式不成立而自然结束(不是因为执行了 break 而提前结束)，则执行 else 结构中的语句；如果循环是因为执行了 break 语句而提前结束，则不执行 else 结构中的语句。

for...else 语法形式如下：

    for <循环变量> in <可迭代对象或迭代器>:
        循环体
    else:
        代码块

while...else 语法形式如下：

    while 条件表达式:
        循环体
    else:
        代码块

代码示例如下：

```
#第 1 个程序
count = 0                                    #初始化循环控制变量
while count < 5:                             #条件表达式的值为 True 时，执行循环体
    print (count, " is less than 5")         #注意缩进要一致
    count += 1                               #循环控制变量自增，避免死循环
else:
    print (count, " is not less than 5")     #表达式的值为 False 时执行 else 语句块
#第 2 个程序
name   = ["XiJing","University"]             #定义一个列表
```

```
for c in name:                          #遍历列表中的每一个元素
    if c == "XiJing":
        print("founded!")
else:
    print("The search is complete")     #遍历完列表的元素后执行 print()
```

4．循环结构的优化

在编写循环语句时，应该尽量减少循环内部不必要的计算，将与循环变量无关的代码尽可能放到循环体的外面。对于多重循环，应尽量减少内层循环中不必要的计算，尽可能向外层循环提。

5.4　break 和 continue 语句

break 和 continue 都是循环控制关键字，为循环结构提供额外的控制。break 和 continue 可以与 for 和 while 循环搭配使用。

当程序执行到 break 语句时，跳出并结束当前整个循环，执行循环后的语句。

当程序执行到 continue 语句时，结束本次循环，并忽略 continue 之后的所有语句，直接回到循环的顶端，提前进入下一次循环。

过多使用 break 和 continue 会严重降低程序的可读性，不要轻易使用。

下面的代码用来求 i 除以 2 的余数，如果余数为 0 结束本次循环，开始下一次循环，如果余数不为 0 则打印 i，如果 i≥7 就结束整个循环，执行循环后的语句。

```
for i in range(10):
    if i % 2 == 0:
        continue
    print(i,end=",")
    if i >= 7:
        break
else:                                   #由于 break 会提前跳出循环体，所以 else 子句不会得以执行，
    print("循环结束")
```

break 和 continue 只能在循环体中使用，不能单独使用。在嵌套循环中，break 和 continue 只对它所在的循环起作用。

5.5　案例实战

1．案例描述

（1）编写程序打印空心等边三角形。

(2) 编写程序打印九九乘法表。

(3) 编写程序输出 50 以内的勾股数，要求每行显示 6 组，各勾股数之间不能重复。

2. 案例实现

1) 打印空心三角形程序

先定义一个变量 rows 记录等边三角形边长，用循环嵌套和 if...elif...else 语句控制等边三角形边上点的位置。代码如下：

```python
rows = int(input("输入行数:"))
for i in range(0, rows):                                    #i 控制每一行
    for k in range(0, 2 * rows - 1):                        #k 控制每一行中的列数
        if (i != rows - 1) and (k == rows - i - 1 or k == rows + i - 1):  #控制每行打印*的位置
            print (" * ", end="\t")
        elif i == rows - 1:                                 #最后一行
            if k % 2 == 0:
                print(" * ", end="\t")
            else:
                print ("   ", end="\t")
        else:                                               #控制每行打印空格的位置
            print ("   ", end="\t")
    print ("\n")
```

2) 打印九九乘法表程序

使用两层循环完成任务，外层循环控制打印的行数，内层循环控制打印的列数和值。代码如下：

```python
print("九九乘法表")
i = 1                                    #外层循环控制变量初始化
while i < 10 :
    j = 1                                #内层循环控制变量的初始化
    while j <= i:
        print("%d*%d=%-2d" % (i, j, i * j), end='  ')
        j += 1
    print("\n")
    i += 1
```

3) 输出 50 以内的勾股数程序

可以采用多重循环的穷举算法来完成，但是要尽量减少内层循环中无关的计算，对循环进行必要的优化。代码如下：

```python
import time
start = time.time()
```

```
n = 0
for i in range(1,50):
    a = i ** 2                                          #为了减少执行次数
    for j in range(i+1,50):
        b = j ** 2                                      #为了减少执行次数
        for c in range(j+1,50):
            if a + b == c ** 2:
                print("%-2d,%-2d,%-2d "%(i,j,c),end='   ')
                n += 1
                if n % 6 == 0:
                    print("\n")
print("执行时间:",time.time() - start)
```

本章小结

本章介绍了 Python 语言的流程控制——选择结构和循环结构，Python 中合法的表达式都可以作为选择和循环的条件表达式。Python 提供 if 语句、if...else 语句、if...elif...else 语句进行分支判断，但是要注意在 Python 中没有提供 switch、case 语句。Python 使用 for 语句和 while 语句来完成循环，循环体中还可以使用 break 语句和 continue 语句来控制循环的流程。本章是 Python 语言的基础，一定要理解并能够熟练运用。

课后习题

1. 在循环结构中，可以使用_____语句结束本次循环，重新开始下一次循环，_____语句可以跳出循环。
2. 用户登录时验证用户名和密码全部正确才允许登录，可以使用_____语句。
3. 读下面程序，回答问题。
```
total = 0
for i in range(100):
    if (i % 10):
        continue
    total += i
print(total)
```
程序执行结果是(   )。
A. 5050   B. 4950   C. 450   D. 45
4. 已知 x = 60; y = 40; z = 20，下面程序执行后的结果是(   )。

```
if x > y:
    z = x
    x = y
    y = z
print(x,y,z)
```

A. 60 40 20　　B. 40 60 60　　C. 60 20 20　　D. 20 40 60

5. 简述 Python 的循环语句。
6. 编写一个程序，判断输入的整数是偶数还是奇数。
7. 编写程序，用户从键盘上输入小于 1000 的正整数，对其进行因式分解。例如 $10 = 2 \times 5$，$60 = 2 \times 2 \times 3 \times 5$。

第 6 章　自定义函数

　　函数(function)是指一个有命名的、执行某个功能的语句序列。在定义一个函数的时候，需要指定函数的名字和语句序列。之后，可以通过这个名字调用(call)该函数。函数减少了代码的重复量，提高程序的运行效率。本章重点介绍函数的定义、参数传递和调用。

6.1　函数的定义

　　函数是为了完成某个功能而聚集在一起的语句序列。函数不仅可以实现代码的复用，还可以保证代码的一致性。Python 将函数的声明和定义视为一体。

　　函数的定义语法如下：

```
def 函数名([形参列表]):
    函数体
```

说明：
- 自定义函数通过关键字 def 来定义，通过 return 语句指定返回值。
- 函数可以通过 return 语句同时返回多个值，如果没有 return 语句，则函数的返回值默认为 None。
- 函数名的命名规则与变量名相同，不能是关键字，应该避免函数名和变量名同名。
- 函数的第 1 行称为函数头，必须以冒号 ":" 结束，其余部分称为函数体，函数体必须缩进。按照惯例，缩进总是 4 个空格(1 个水平制表符 tab)。
- 函数的形参不需要声明类型，也不需要指定函数返回值类型。
- 当函数不需要任何参数时，也必须保留一对空的圆括号。
- Python 允许嵌套定义函数。
- 函数的形参和返回值可以是任何数据类型，包括函数。
- 函数体中可以使用 pass 关键字，表示函数什么也不做，起到占位的作用。
- 定义函数时，建议设置 docstring(使用三双引号来定义 docstring，作为函数体第 1 条语句)，提供函数的帮助文档。可以通过"函数名?"或者"help(函数名)"看到这些 docstring。
- Python 编写的函数，可以通过"函数名??"来显示源代码。

函数定义示例如下：

```
def myfun1(a,b):
    """
```

这是一个docstring，该函数采用了函数的嵌套定义，完成a*(a+b)功能。
"""
    n = a + b
    def myfun2(c,d):   #函数的嵌套定义
        return c * d
    return myfun2(n,a)   #调用内部函数
```

## 6.2 函数的调用

函数的定义用来定义函数的功能，为了使用函数，必须要调用它，函数不被调用，函数内部的语句是不会被执行的。函数调用必须位于函数定义之后。

### 1. 函数的调用方式

对于一个函数，可以通过"函数名(实参)"的方式来调用。

如果函数有返回值，那么可以在函数调用的同时将返回值传递出来，此时这个函数调用可以当做一个值来使用。例如：

```
>>>result = myfun1(5,4)
#函数调用时实参传递给形参，如果实参是表达式，先计算表达式的值，然后再传递给形参
>>>result
45
>>>def a():
       print("In function a")
       b()
>>>def b():
       print("In function b")
>>>a()
In function a
In function b
```

有一些特殊的内置函数，调用时以函数作为其参数，如map()、filter()和reduce()。

2. map()

map()函数接受一个函数f和一个序列sq，其作用是将函数f作用在序列的每个元素上，等价于[f(x) for x in sq]。例如：

```
>>> list(map(int,"123"))       #应用int()函数将字符串中的每个字符转换为整数
[1, 2, 3]
```

3. filter()

filter()函数也接受一个函数f和一个序列sq，其作用是通过函数f来筛选序列中的每个元素(满足函数返回值为True)，返回一个filter对象，等价于[x for x in sq if f(x)]。例如：
```

```
>>> def is_odd(x):
        return x % 2 != 0
>>> list(filter(is_odd,[1,2,3,4,5,6]))          #将 filter 对象进行转换输出
[1, 3, 5]
```

4. reduce()

reduce()函数接受一个二元操作的函数 f 和一个序列 sq，实现将一个接收 2 个参数的函数 f 以迭代累积方式作用到序列的每一个元素上，并返回单一结果。例如：

```
>>> from functools import reduce                #使用 reduce 函数时需要导入 functools 模块
>>> def add(x,y):
        return max(x,y)                         #求 x，y 的最大者
>>> reduce(add,[10,-10,100,200,1,2])
200
```

6.3 函数的参数

函数定义时圆括号内是使用逗号分隔的形参列表，函数可以有多个参数，也可以没有参数，形参只是起到占位的作用。

定义函数时不需要声明参数的类型，解释器会根据实参的类型自动推断形参的类型。

调用函数时传递实参，根据不同的参数类型，将实参的引用传递给形参。

如果传递给函数的实参是整数、实数、复数等基本类型或元组、字符串这样的不可变类型的数据，在函数内部直接修改形参的值不会影响实参，而是创建一个新变量。

如果传递给函数的实参是可变序列(字典、列表)，并且在函数内部使用下标或可变序列自身的方法增加、删除或修改形参元素时，实参也会得到相应的修改。

```
>>>def sub(num):
        print("操作前，形参地址是:%0x"%id(num))
        num -= 1
        print("操作后，形参地址是:%0x"%id(num))
>>>test = 100
>>>print("实参地址是:%0x"%id(test))
>>>sub(test)                                    #实参是基本数据类型，修改时会创建一个新的对象
实参地址是:52557a40
操作前，形参地址是:52557a40
操作后，形参地址是:52557a20
>>> def add(s):
        s.append(10)
>>> t = [1,2,3]
>>> add(t)                                      #实参是可变序列，使用 append 方法属于原地操作
```

```
>>> t
[1, 2, 3, 10]
>>> def modify(lst):
        print("操作前，形参的地址是:",hex(id(lst)))
        lst = [4,5,6]                          #使用的是赋值方式，所以lst指向一个新的对象
        print("操作后，形参的地址是:",hex(id(lst)))
>>> a = [1,2,3]
>>> hex(id(a))
'0x2933608'
>>> modify(a)
操作前，形参的地址是: 0x2933608
操作后，形参的地址是: 0x2933188
>>> a
[1, 2, 3]
```

6.3.1 位置参数

位置参数是最常用的形式，调用函数时实参和形参的顺序必须严格一致，并且实参和形参的数量必须相同。

```
>>> def menu(food,cigarette,wine):
        print("主食:",food,"香烟:",cigarette,"白酒:",wine)
>>> menu("面条","红塔山","郎酒")
主食: 面条 香烟: 红塔山 白酒: 郎酒
```

6.3.2 默认值参数

调用带有默认值参数的函数时，可以不用为设置默认值的形参进行传值，此时函数将会直接使用函数定义时设置的默认值，当然也可以通过显式赋值来替换其默认值。在调用函数时是否为默认值参数传递实参是可选的。

需要注意的是，在定义带有默认值参数的函数时，任何一个默认值参数右边都不能再出现没有默认值的普通位置参数，否则会提示语法错误。

函数的默认值参数是在函数定义时确定值的，所以只会被初始化一次。

带有默认值参数的函数定义语法如下：

```
def 函数名(…, 形参=默认值):
    函数体
```

多次调用函数并且不为默认值参数传递实参时，默认值参数只在定义时进行一次解释和初始化。因此，要避免使用列表、字典、集合等可变序列作为函数的默认值参数，当使用不当时，可能会导致逻辑错误。示例如下：

```
>>> def buggy(arg,result = []):
        result.append(arg)
        print(result)
>>> buggy(3,[1,2])
[1, 2, 3]
>>> buggy(3)
[3]
>>> buggy(4)
[3, 4]                              //由于默认值参数只初始化一次，结果错误
```

对于上面的函数，建议使用下面的写法形式：

```
>>> def buggy(arg,result = None):
        if result is None:
            result = []
        result.append(arg)
        print(result)
>>> buggy(3)
[3]
>>> buggy(4)
[4]
```

6.3.3 关键字参数

为了避免位置参数可能引起的混乱，可以使用关键字参数。关键字参数是指调用函数时的参数传递方式，与函数的定义无关。通过关键字参数可以按照参数名字来传递值，明确指定哪个实参传递给特定的形参，实参的顺序可以和形参的顺序不一致，并不影响参数值的传递结果。例如：

```
>>> menu(wine="茅台",food="米饭",cigarette="好猫")
主食: 米饭  香烟: 好猫  白酒: 茅台
```

还可以混合位置参数和关键字参数，但是要确保位置参数出现在关键字参数的左边。例如：

```
>>> menu("米粉",wine="五粮液",cigarette="云烟")
主食: 米粉  香烟: 云烟  白酒: 五粮液
```

6.3.4 可变长度参数

Python 支持可变长度参数，也就是支持在函数定义时使用个数不确定的参数，同一个函数可以使用不同个数的参数调用。

可变长度参数主要有两种形式：在参数名前加*或**。

> *parameter 用来接收多个位置参数并将其放在一个元组中。
> **parameter 用来接收多个关键参数并将其存放到一个字典中。

```
>>> def print_args(arg1,arg2,*pargs,**kargs):
        print("arg1 is ",arg1)
        print("arg2 is ",arg2)
        for eachpargs in pargs:
            print("additional position arg: ",eachpargs)
        for key,value in kargs.items():
            print("additional keyword arg: %s :%s"%(key,value))
>>> print_args("主食","面条","白酒","汾酒",香烟="芙蓉王")
arg1 is    主食
arg2 is    面条
additional position arg:    白酒
additional position arg:    汾酒
additional keyword arg:    香烟 :芙蓉王
```

6.4 函数的返回值

在 Python 中，定义函数时不需要声明函数的返回值类型，函数返回值类型与 return 语句返回的表达式类型一致。return 语句可以结束函数的执行。

如果函数没有 return 语句，有 return 语句但是没有执行到，或者执行了不返回任何值的 return 语句，解释器都会认为该函数以 return None 结束，即返回空值。

Python 支持同时返回多个值，多个值以元组的形式返回。示例如下：

```
>>> def adddiv(a,b):
        a,b = a + b,a / b
        return a,b                              #返回一个元组，包含 a 和 b 的值
>>> type(adddiv(10,3))
<class 'tuple'>
>>> add,sub = adddiv(10,3)                      #元组的拆封
>>> print("参数之和是：%d,参数相除是:%.2f"%(add,sub))
参数之和是：13,参数相除是:3.33
```

6.5 lambda 表达式

lambda 表达式可以用来声明匿名函数，也就是没有函数名字临时使用的函数。

在使用函数作为参数的时候，如果传入的函数比较简单或者使用次数较少，直接定义这些函数就显得比较浪费，这时就可以使用 lambda 表达式。

lambda 表达式使用关键字 lambda 定义，基本形式为：

lambda <variables>:<expression>

lambda 返回一个函数对象，其中 variables 是函数的参数，expression 是函数的返回值，它们之间用冒号":"分隔。lambda 表达式只可以包含一个表达式，该表达式的计算结果可以看作是函数的返回值，不允许包含选择、循环等语法结构，不允许包含复合语句，但在表达式中可以调用其他函数。示例如下：

```
>>> f = lambda x,y,z:max(x,y,z)
>>> f(10,20,30)
30
>>> L = [1,2,3,4,5]
>>> print(list(map(lambda x: x+10, L)))
[11, 12, 13, 14, 15]
>>> def demo(n):
        return n * n
>>> list(map(lambda x:demo(x),(1,2,3,4)))        #使用函数作为 lambda 表达式的返回值
[1, 4, 9, 16]
>>> from random import sample                     #导入 random 模块中的 sample 函数
>>> data = [sample(range(100),6) for i in range(3)]   #产生 3 行 6 列范围在[0,99]的列表
>>> for row in data:
        print(row)
[22, 62, 82, 50, 36, 99]
[62, 19, 72, 88, 82, 25]
[28, 27, 92, 63, 20, 5]
>>> for row in sorted(data,key=lambda cell:cell[0]):   #按照每行的第一个元素升序排列
        print(row)
[22, 62, 82, 50, 36, 99]
[28, 27, 92, 63, 20, 5]
[62, 19, 72, 88, 82, 25]
>>> for row in filter(lambda row:sum(row) % 2 == 0,data):   #过滤一行中所有元素之和为偶数的行
        print(row)
[62, 19, 72, 88, 82, 25]
>>> max(data,key=lambda row:row[-1])              #取最后一个元素最大的行
[22, 62, 82, 50, 36, 99]
>>> list(map(lambda row:row[0],data))             #取每行第一个元素
[22, 62, 28]
```

```
>>> list(map(lambda row:row[data.index(row)],data))        #取对角线元素
[22, 19, 92]
```

6.6 生成器

生成器(generator)是创建迭代器(iterator)对象的一种简单但强大的工具。生成器的语法和普通函数一样，只是返回数据时需要使用 yield 语句而非 return 语句。

包含 yield 语句的函数可以用来创建生成器对象，这样的函数也称生成器函数。

与一般函数不同的是，一般函数在执行到 return 语句时，会立刻结束函数的运行，而生成器在每次执行到 yield 语句时，会返回一个中间的结果给调用者，之后会暂停或挂起后面代码的执行，下次通过生成器对象的__next__()方法、内置函数 next()、for 循环遍历生成器对象元素或其他方式显式获取数据时，它会准确地从离开的地方继续执行。示例如下：

```
>>> def my_range(first = 0,last = 10,step = 1):
        number = first
        while number < last:
            yield number                                   #暂停执行，需要时再产生一个新元素
            number += step
>>> ranger = my_range(1,6)
>>> for x in ranger:                                       #迭代生成器对象
        print(x,end = '\t')
1    2    3    4    5
```

6.7 装饰器

装饰器(decorators)本质上是一个输入参数是函数，并且返回值也是函数的函数。
装饰器的语法结构如下：

```
@装饰器名字([参数])
def  被装饰的函数名([参数]):
       ...
```

可以同时使用多个装饰器，这时@操作符必须一行一个。例如：

```
>>> def document(func):                                    #定义一个名为 document 的装饰器
        def new_function(*pargs):
            print("Running function:",func.__name__)
            print("Positional arguments:",pargs)
```

```
            result = func(*pargs)
            print("result:",result)
        return new_function
>>> @document                                      #装饰器作用在函数 add_ints 上
def add_ints(a,b):
    return a + b
>>> add_ints(3,5)                                  #执行装饰器的功能
Running function: add_ints
Positional arguments: (3, 5)
result: 8
>>> @document
def sub_ints(a,b):
    return a - b
>>> sub_ints(3,5)
Running function: sub_ints
Positional arguments: (3, 5)
result: -2
```

6.8 变量的作用域

变量起作用的代码范围称为变量的作用域，不同作用域内变量名可以相同，互不影响。

在函数内部定义的变量称为局部变量，局部变量的作用域从创建变量的地方开始，直到包含该变量的函数结束为止。当函数执行结束后，局部变量自动被删除。

在所有函数之外定义的变量称为全局变量，全局变量可以通过关键字 global 来定义，它可以被所有的函数访问。全局变量的使用分为两种情况：

➢ 一个变量已经在函数外定义，如果在函数内需要为这个变量赋值，并要将这个赋值结果反映到函数外，可以在函数内使用 global 将其声明为全局变量。

➢ 如果一个变量在函数外没有定义，在函数内部也可以直接将一个变量定义为全局变量，该函数执行后，将增加一个新的全局变量。

对于一个全局变量，如果在函数内部对它重新赋值，它会被认为是一个局部变量。

如果要在函数中对全局变量重新赋值，可以使用关键字 global。

变量作用域的示例如下：

```
>>> a = 0                                          #全局变量 a
>>> def scope():
        b = 1                                      #局部变量 b
        a += 1                                     #局部变量 a 隐藏了同名的全局变量 a
        print(a)
```

```
>>> scope()
Traceback (most recent call last):
  UnboundLocalError: local variable 'a' referenced before assignment    #赋值前局部变量 a 未被初始化
>>> def scope():
        b = 1
        global a
        a += 1
        print(a)
>>> scope()
1
>>> print(b)
Traceback (most recent call last):
  NameError: name 'b' is not defined    #局部变量 b 离开了其作用域，自动被删除了
>>> print(a)                             #打印全局变量 a
1
```

局部变量的引用比全局变量速度快，应优先考虑使用。

6.9 函数的递归

函数内部不但可以调用其他函数，而且还可以直接或者间接调用自己。直接或者间接调用自身的函数称为递归函数，递归函数的执行过程称为递归。

递归是一种分而治之的程序设计技术，它将一个大型、复杂规模的问题转换成一个与原问题相似的小规模问题进行求解，给出一个直观、简单的解决方案。

例如，阶乘函数可以写成：

$F(n) = n! = n \times (n-1)! = n \times F(n-1)$

我们把求解 n 阶乘的问题变成了一个求解 n-1 阶乘的问题，以此类推，我们只需要解决最简单的 F(1)的问题，就可以完成 n 阶乘的求解。F(n)定义如下：

```
>>> def F(n):
        '''使用递归方式实现求 n!
        n = { 1           n=1
            { n×(n-1)     n>1     '''
        return 1 if n == 1 else n * F(n - 1)
```

递归函数的特点如下：
➢ 使用选择结构将问题分成不同的情况；
➢ 会有一个或多个基础情况用来结束递归；

> 非基础情况的分支会递归调用自身；
> 每次递归调用会不断接近基础情况，直到变成基础情况终止递归。

虽然递归可以更快地实现代码，但是递归过程中存在大量的重复运算，在效率上可能会有一定的损失。由于递归函数会占用大量的堆栈，尤其是当递归深度特别大的时候，可能会导致堆栈的溢出。所以，使用递归时要认真考虑，能不用递归方式的时候，尽量使用非递归方式，如果非要用递归方式，可以使用缓存机制来实现。

在下面的代码中，装饰器 lru_cache 的作用是给函数 F1()增加缓存，减少重复计算，从而提高运行速度。

```
>>>from functools import lru_cache
>>> @lru_cache(maxsize=500)
    def  F1(n):
        return 1 if n == 1 else n * F(n - 1)
```

下面的代码比较了使用缓存和不使用缓存两种方式带来的性能差异：

```
>>>from time import time
>>> def countTime():
        startTime = time()
        for i in range(100000):              #运行 100000 次不使用缓存递归函数
            F(600)
        print(time()-startTime)
        startTime = time()
        for i in range(100000):              #运行 100000 次使用缓存递归函数
            F1(600)
        print(time()-startTime)
>>> countTime()
20.810436248779297
0.031199932098388672
```

可以看出，使用缓存方式后，函数的执行时间从 20 s 减少到 0.03 s 左右，性能提升很明显。当然，即使用到了缓存加速，仍然会受到递归深度的限制。

在大多数的编程环境里，一个具有无限递归的程序并非永远不会终止。当达到最大递归深度时，Python 会报告一个错误信息"RuntimeError：Maximum recursion depth exceeded"。

非递归方式的实现代码如下：

```
>>> def f(n):
    #使用非递归方式实现求 n!
    a = 1
    for num in range(n):
        a *= num + 1
    return a
```

6.10 案例实战

1. 案例描述

(1) 编写函数，接收一个正偶数作为参数，输出两个素数，并且这两个素数之和等于原来的正偶数。如果存在多组符合条件的素数，则全部输出。

(2) 编写函数，完成蒙蒂霍尼悖论游戏，游戏规则如下：

参赛者面前有三扇关闭着的门，其中一扇门的后面是一辆汽车，而另外两扇门后面则各藏有一只山羊，选中后面有车的那扇门就可以赢得该汽车。当参赛者选定了一扇门，但未去开启它的时候，主持人会开启剩下两扇门中的一扇，露出其中一只山羊。随后主持人会问参赛者要不要更换选择，选另一扇仍然关着的门。

2. 案例实现

(1) 编写求素数之和的程序。代码如下：

```python
def demo(n):
    def IsPrime(p):                                     #判断是否为素数
        if p == 2:
            return True
        if p % 2 == 0:
            return False
        for i in range(3, int(p ** 0.5) + 1, 2):
            if p % i == 0:
                return False
        return True
    if isinstance(n, int) and n > 0 and n % 2 == 0:     #判断是否为正偶数
        for i in range(2, n // 2 +1):
            if IsPrime(i) and IsPrime(n-i):
                print(i, '+', n-i, '=', n)
```

(2) 编写蒙蒂霍尼悖论游戏程序。代码如下：

```python
from random import randint
def init():
    '''
    构造一个字典，键为3个门的编号，值为门后面的山羊或者汽车
    '''
    doors = {i+1:"山羊" for i in range(3)}
    doors[randint(1,3)] = "汽车"
    return doors
```

```
def beginGame():
    doors = init()
    while True:
        firstDoorNum = int(input("请选择一个门(1-3)："))
        for door in doors.keys() - {firstDoorNum}:
            if doors[door] == "山羊":
                print("%d 号门后是山羊"%door)
                thirdDoorNum = (doors.keys() - {firstDoorNum,door}).pop()    #构造第 3 个门
                choose = input("更换到{0}号门吗(y/n)?".format(thirdDoorNum))
                if choose == "y":
                    finalDoorNum = thirdDoorNum
                else:
                    finalDoorNum = firstDoorNum
                if doors[finalDoorNum] == "山羊":
                    return "你输了!"
                else:
                    return "你赢了!"
def main():
    print("-"*30,"蒙蒂霍尼悖论游戏","-"*30)
    print("游戏结果是：{0}".format(beginGame()))
main()
```

本章小结

函数是用来实现代码复用的常用方式，定义函数时使用关键字 def。函数如果没有 return 语句，默认返回 None。定义函数时不需要指定形参的类型，调用函数时，会根据实参类型自动推断。绝大多数情况下，在函数内部修改形参的值，不会影响实参。如果传递的实参是可变序列，并且在函数内部使用下标或者切片等方式，则修改形参的值会影响到外面的实参。函数的形参可以是默认值参数、关键参数、可变长度参数和位置参数。当函数只包含一个表达式时，可以定义成 lambda 表达式。函数内部的变量只在函数内起作用，称为局部变量，如果函数内部要定义全局变量，可以通过 global 关键字来声明。

课后习题

1. 编写函数，判断一个整数是否为素数，并编写主程序调用该函数。
2. 编写函数，接收一个字符串，分别统计大写字母、小写字母、数字、其他字符的个

数，并以元组的形式返回结果。

3．在 Python 程序中，局部变量会隐藏同名的全局变量吗？请编写程序代码进行验证。

4．编写函数，模拟内部函数 sum()。

5．编写函数，模拟内部函数 sorted()。

6．已知函数定义 def demo(x, y, op): return eval(str(x)+op+str(y))，那么表达式 demo(3, 5, '-') 的值为_____。

7．编写函数，可以接收任意多个整数并输出其中的最大值和所有整数之和。

8．有一个数列，形式为 1 1 1 3 5 9 17 31...，请编写程序计算该数列第 2019 项的值。

第二篇　Python 高级特性

Python 语言不仅支持命令式编程和函数式编程，而且完全支持面向对象编程。类的实例称为对象，类和对象具有方法和属性，类的属性之间可以相互依赖，类可以继承，具有多态性。错误或者异常通常是一个事件，发生时往往会中断程序的执行，因此要妥善处理异常。文件作为数据的永久保存方式，通常保存在存储介质上。

本篇共 3 章，重点对 Python 的类、异常和文件等高级特性进行介绍，其中：

第 7 章：面向对象编程

第 8 章：异常处理

第 9 章：文件操作

第 7 章 面向对象编程

Python 从设计之初就已经是一门面向对象的语言,正因如此,在 Python 中创建一个类和对象是很容易的。本章将详细介绍 Python 的面向对象编程技术。

如果你以前没有接触过面向对象的编程语言,可能需要先了解面向对象语言的一些基本特征,形成一个基本的面向对象概念,才能更好地理解面向对象的三大特性:封装、继承和多态,这样有助于学习 Python 面向对象的编程技术。

7.1 类和对象

面向对象编程(OOP)是一种编程方式,它使用"类"和"对象"来实现,所以面向对象编程的实质就是对"类"和"对象"的使用。

- 类:就是一个模板,模板里可以包含多个方法和属性。
- 对象:根据模板创建的实例,通过实例对象可以执行类中的方法。

1. 类的定义

类由三部分组成:
- 类名:类的名称,它的首字母一般大写。
- 属性:用于描述类的特征,也称为数据成员,例如,人有姓名、年龄等。
- 方法:用于描述类的行为,也称为方法成员,例如,人具有运动、说话等行为。

类的定义语法如下:

```
class <类名>( [父类]):
    <类的属性>
    <类的方法>
```

2. 创建对象

类定义完成之后,就可以创建实例对象了。创建对象的语法格式如下:

```
对象名 = 类名()
```

Python 中可以动态为类和对象添加成员,这一点和很多面向对象程序设计语言不同。要想给对象添加属性,可以通过如下方式:

```
对象名.新的属性名 = 值
```

下面代码演示如何创建类和对象，添加属性并且调用方法。

```
class Person():                              #定义类
    def eat(self):                           #定义方法
        print("吃肉夹馍...真香呀...")
    def run(self):
        print("8 百米体测达标...呼哧...")
person = Person()                            #定义对象，并用 person 变量保存它的引用
person.name = "张三"                         #添加表示姓名的属性
person.age = 18                              #添加表示年龄的属性
person.eat()                                 #调用方法
person.run()
print(person.name,person.age)                #打印属性值
```

注意：类中的成员方法第一个参数必须是 self，成员方法调用成员属性时也要加上 self。

3. self 参数

类的所有实例方法都必须至少有一个名为 self 的参数，并且必须是方法的第一个形参(如果有多个形参)，self 参数表示调用对象本身。在类的实例方法中访问实例属性时需要以 self 为前缀，但在方法外通过对象名调用对象方法时并不需要传递这个参数。如果在外部通过类名调用对象方法则需要显式为 self 参数传递值。

7.2 属性和方法

7.2.1 属性

属性分为两种：类属性和实例属性。类属性是在类中所有方法之外定义的数据成员；实例属性一般是在构造函数__init__()中定义的，定义和使用时必须以 self 作为前缀。在类的外部，实例属性属于实例对象，只能通过对象名访问；而类属性属于类，可以通过类名或者对象名访问。

类属性被所有类的实例对象(实例方法)所共有，在内存中只存在一个副本。

默认情况下，Python 中的成员方法和成员属性都是公有的(public)，在 Python 中没有类似 public、private 等关键词来修饰成员方法和成员属性。

在 Python 中定义私有成员需要在属性名或方法名前加上双下划线"__"，那么这个属性或方法就是私有的了。私有属性在类外不能直接访问，需要通过调用对象的公有方法来访问，或者通过 Python 支持的特殊方式来访问，可以"对象名._类名__xxx"方式来访问

私有的类属性。

下面的代码演示如何使用类属性和实例属性：

```
>>>class Person():
            name = "Tom"                #公有的类属性
            __age = 12                  #私有的类属性
>>>p = Person()
>>>print(p.name)                        #通过对象访问公有类属性
Tom
>>>print(Person.name)                   #通过类访问公有类属性
Tom
>>>print(p.__age)                       #错误，不能在类外通过实例对象访问私有的类属性
Traceback (most recent call last):
  AttributeError: 'Person' object has no attribute '__age'
>>>print(p._Person__age)                #访问类的私有属性，一般不推荐
12
```

7.2.2 方法

Python 中类的方法分为实例方法、类方法和静态方法。

1. 实例方法

第一个参数必须是实例对象，该参数名一般约定为"self"，通过它来传递实例的属性和方法(也可以传递类的属性和方法)，只能由实例对象调用。

2. 类方法

使用装饰器@classmethod 来修饰一个方法，此时该方法就是类方法。类方法的第一个参数必须是当前类对象，该参数名一般约定为"cls"，通过它来传递类的属性和方法(不能传实例的属性和方法)，实例对象和类对象都可以调用。

3. 静态方法

使用装饰器@staticmethod 来修饰一个方法，此时该方法就是静态方法。静态方法的参数随意，没有"self"和"cls"参数，但是方法体中只能访问属于类的成员，实例对象和类对象都可以调用。

实例方法只能被实例对象调用，类方法和静态方法可以被类或类的实例对象调用。

下面的代码演示如何使用类的三种方法：

```
>>>class Foo(object):
        def instance_method(self):          #定义实例方法
            print("这是类{}的普通实例方法，只能被实例对象调用".format(self))
        @classmethod                        #定义类方法
```

```
            def class_method(cls):
                print("这是类方法")
            @staticmethod                       #定义静态方法
            def static_method():
                print("这是静态方法")
>>>foo = Foo()
>>>foo.instance_method()                        #通过对象名来调用实例方法
这是类<__main__.Foo object at 0x0000000006BA4550>的普通实例方法，只能被实例对象调用
>>>Foo.instance_method(foo)                     #通过类名调用实例方法时为 self 参数显式传递对象名
这是类<__main__.Foo object at 0x0000000006BA4550>的普通实例方法，只能被实例对象调用
>>>foo.class_method()                           #通过对象名来调用类方法
这是类方法
>>>foo.static_method()                          #通过对象名来调用静态方法
这是静态方法
>>>Foo.class_method()                           #通过类名来调用类方法
这是类方法
>>>Foo.static_method()                          #通过类名来调用静态方法
这是静态方法
```

7.3 构造方法和析构方法

Python 提供了两种特殊的方法——__init__()和__del__()，分别用于初始化对象属性和释放类所占用的资源，即构造方法和析构方法。

7.3.1 构造方法

在上一节中，我们采用"对象名.属性名称"的方式给 Person 引用的对象动态地添加了 name 和 age 属性。如果要创建多个 Person 类的对象，这种方式就显得繁琐了。

Python 提供了一个特殊的方法__init__()，可以在创建对象的时候就设置好属性，被称为类的构造方法或初始化方法，在创建这个类的实例时就会自动调用该方法。

下面的代码演示了如何使用构造方法进行初始化操作：

```
>>>class Person():                              #定义类
        def __init__(self):                     #构造方法
            self.name = "张三"
            self.age = 18
        def eat(self):                          #一般方法
            print("%s 吃肉夹馍...真香呀..."%(self.name))
```

```
        def run(self):
            print("%d 岁的%s 进行 8 百米体测达标...呼哧..."%(self.age,self.name))
>>>person = Person()                                    #创建类的实例对象
>>>person.eat()                                         #调用方法
张三吃肉夹馍...真香呀...
>>>person.run()
18 岁的张三进行 8 百米体测达标...呼哧...
```

无论创建多少个 Person 对象，name 和 age 属性初始默认值都是"张三"和 18。

如果要在对象创建完成后修改属性的默认值，可以在构造方法中传入参数设定属性的值。下面的代码演示了如何使用带参数的构造方法：

```
>>>class Person():
        def __init__(self, name, age):                  #带参数的构造方法
            self.name = name
            self.age = age
        def eat(self):
            print("%s 吃肉夹馍...真香呀..."%(self.name))
        def run(self):
            print("%d 岁的%s 进行 8 百米体测达标...呼哧..."%(self.age,self.name))
>>>person1 = Person("张三",18)                          #创建对象时传入实参
>>>person1.eat()
张三吃肉夹馍...真香呀...
>>>person1.run()
18 岁的张三进行 8 百米体测达标...呼哧...
>>>person2 = Person("李四",20)
>>>person2.eat()
李四吃肉夹馍...真香呀...
>>>person2.run()
20 岁的李四进行 8 百米体测达标...呼哧...
```

在上面的例子中，定义了带有参数的构造方法，并把参数的值赋值给 name 和 age 属性，保证了 name 和 age 属性的值随着传入的实参而变化。

7.3.2 析构方法

创建对象后，Python 解释器默认调用__init__()方法；当删除一个对象时，Python 解释器也会默认调用一个方法，这个方法称为__del__()。在 Python 中，对于开发者来说很少会直接销毁对象(如果需要，可以使用 del 命令销毁)，Python 的内存管理机制能够很好地胜任这份工作。也就是说，不管是手动调用 del 命令还是由 Python 解释器自动销毁对象，都会

触发__del__()方法执行。

下面的代码演示了如何使用析构方法释放占用的内存：

```
>>>class Person():
        def __init__(self, name, age):
            self.name = name
            self.age = age
        def __del__(self):                              #定义析构方法
            print("调用 del()方法删除对象")
>>>mickey = Person("米老鼠",18)                          #定义对象，同时传入实参
>>>del mickey                                           #显式调用__del__()方法
调用 del()方法删除对象
```

7.4 封　　装

在面向对象程序设计中，封装(Encapsulation)是对具体对象的一种抽象，即将某些内容隐藏起来，在程序外部看不到，其结果是无法访问这些内容。

要了解封装，离不开"私有化"，就是将类或者是方法中的某些属性限制在某个区域之内，外部无法访问。封装数据的主要目的是保护隐私，封装方法的主要目的是隔离复杂度。

如果要访问或者修改私有属性的值，可以通过公有方法 get***()和 set***()来完成。

下面的代码演示了如何使用封装：

```
class Person():
    def __init__(self, name, age):
        self.name = name
        self.__age = age                    #私有属性
    def setAge(self, age):                  #给私有属性赋值
        self.__age = age
    def getAge(self):                       #获得私有属性的值
        return  self.__age
laosun = Person("悟空",18)
print(laosun.__age)
```

运行程序后，输出如下的错误信息：

AttributeError: 'Person' object has no attribute '__age'

从提示的错误信息可以看出，在 Person 类中没有找到__age 属性。原因在于__age 属性为私有属性，只在 Person 类的内部使用，在类的外部无法访问。

为了能够在外部访问私有属性的值，需要用到该类提供的用于设置和获取属性值的方法。把 print(laosun.__age)代码改为 setAge()和 getAge()方法，分别对私有属性进行设置和读取的操作，代码如下：

```
laosun.setAge(20)
print(laosun.getAge())
```

输出结果：20

可以看出，通过上述两个方法可以设置和获取私有属性__age 的值。

7.5 继　　承

面向对象的编程带来的好处之一是代码的重用，实现这种重用的方法是继承机制。通过继承创建的新类称为子类或派生类，被继承的类称为基类、父类或超类。语法格式如下：

```
class 子类名(父类名):
    语句块
```

如果类定义时没有父类列表，等同于继承自 object。在 Python 3 中，object 类是所有对象的根基类。例如，class Person()等同于 class Person(object)。

7.5.1 单继承

所谓单继承，就是子类继承了一个父类。

下面代码演示了子类如何继承父类：

```
>>>class Animal(object):                        #定义动物类
        def __init__(self, color):
            self.color = color
        def run(self):
            print("Animal is running... ")
>>>class Dog(Animal):                           #定义动物的子类——狗类
        pass                                    #空语句
>>>class Cat(Animal):                           #定义动物的子类——猫类
        pass                                    #空语句
>>>dog = Dog("黑色")
>>>print("狗的颜色",dog.color)
狗的颜色 黑色
>>>dog.run()
Animal is running...
```

```
>>>cat = Cat("白色")
>>>print("猫的颜色",cat.color)
猫的颜色 白色
>>>cat.run()
Animal is running...
```

该例中定义了一个 Animal 类，该类中有 color 属性和 run 方法，然后定义了继承自 Animal 类的子类 Dog 和 Cat，子类内部没有添加任何属性和方法。

从结果可以看出，子类继承了父类的 color 属性和 run 方法，子类在创建类实例的时候，使用的是继承自父类的构造方法。

注意：父类的私有属性和私有方法是不会被子类继承的，更不能被子类访问。

7.5.2 多继承

多继承，顾名思义就是子类继承了多个父类。多继承可以看作是对单继承的扩展，在创建子类时，需在父类名称的括号中标注出要继承的多个父类，使用逗号进行分割。多继承的语法格式如下：

```
class 子类名(父类名 1，父类名 2，…):
    语句块
```

下面代码演示了子类如何继承了多个父类：

```
>>>class KungFu:                              # 定义一个父类
        def printKungfu(self):
            print('----功夫----')
        def eat(self):
            print('----吃苦----')
>>>class Panda:                               #定义另一个父类
        def printPanda(self):
            print('----熊猫----')
        def eat(self):
            print('----吃竹子----')
        def __init__(self, color ):            #父类的构造方法
            self.color = color
>>>class KungFuPanda(KungFu,Panda):            #定义一个子类，继承自 KungFu、Panda
        def printKungFuPanda(self):            #子类创建自己的方法
            print('----功夫熊猫----')
        def eat(self):                         #重写父类的方法
            print('----吃包子----')
        def __init__(self, color, duan):       #重写父类的方法
```

```
        super().__init__(color)              #调用父类的 init 方法
        self.duan = duan                     #增加段位属性
>>>Po = KungFuPanda('黑白',"六段")            #创建 KungFuPanda 类的对象 Po，自动调用构造方法
>>>Po.printKungfu()                          #子类会自动继承父类的公有方法
----功夫----
>>>Po.printPanda()
----熊猫----
>>>Po.printKungFuPanda()                     #调用子类的方法
----功夫熊猫----
>>>Po.eat()
----吃包子----
>>>print("%s 颜色的功夫熊猫阿宝的武功段位是%s"%( Po.color, Po.duan))
黑白颜色的功夫熊猫阿宝的武功段位是六段
```

该例先定义了两个父类：一个类是 KungFu(功夫)，该类中有方法 printKungfu()和 eat()；另一个类是 Panda(熊猫)，该类定义了方法__init__()、printPanda()和 eat()。然后定义了继承自两个父类的子类 KungFuPanda，该子类创建自己的方法 printKungFuPanda()，重写了父类的方法 eat()和__init__()。

从结果可以看出：子类对象调用了多个父类的公有方法，同时也调用了自己的方法；调用 eat()方法时，会调用子类重写的 eat()方法，不再调用父类的 eat()方法，即优先调用子类中重载过的方法；使用内置函数 super()调用父类的构造方法__init__，让子类 KungFuPanda 既拥有父类的属性 color，又有自定义的属性 duan。从输出内容可以看到，子类通过 super()函数成功访问了父类的成员。

7.6 多　　态

多态是指父类的同一个方法在不同子类对象中具有不同的表现和行为。子类继承了父类的行为和属性之后，还会增加某些特定的行为和属性，同时还可能会对继承来的某些行为进行一定的改变，这都是多态的表现形式。

Python 大多数运算符可以作用于多种不同类型的操作数，并且对于不同类型的操作数往往具有不同的表现，这本身就是多态，是通过特殊方法与运算符重载实现的。

下面代码演示了多态的使用：

```
>>>class Animal():                           #定义父类——动物类
        def __init__(self, name):
            self.name = name
        def talk(self):                      #定义类的 talk()方法
```

```
                print(self.name, '叫！')
        def animal_talk(obj):
                obj.talk()                              #多态调用 talk()方法
>>>class Dog(Animal):                                   #定义动物的子类——狗类
        def talk(self):                                 #覆盖(重写)父类的 talk()方法
                print('%s：汪！汪！汪！' % self.name)
>>>class Cat(Animal):                                   #定义动物的子类——猫类
        def talk(self):                                 #重写父类的 talk()方法
                print('%s：喵喵喵!' % self.name)
>>>animal = Animal('动物')
>>>dog = Dog('狗狗')
>>>cat = Cat('猫咪')
>>>Animal.animal_talk(animal)
动物 叫！
>>>dog.animal_talk()                                    #多态调用
狗狗：汪！汪！汪！
>>>Animal.animal_talk(cat)                              #多态调用
猫咪：喵喵喵！
```

从结果可以看出，当子类和父类都存在相同的 talk()方法时，子类的 talk()方法覆盖了父类的 talk()方法。在代码运行时，会根据参数(不同类型对象)的不同，调用不同子类的 talk()方法。多态的好处就是，当需要传入更多的子类，例如新增 Bird、Cattle 等时，我们只需要继承 Animal 类并且确保新子类的方法编写正确，而不用修改原来的代码。

7.7 案例实战

1. 案例描述

使用面向对象技术编写一个"石头、剪刀、布"游戏。

游戏规则如下：

玩家和他的对手——电脑，两者在同一时间做出特定的手势，必须是石头、剪子或布。胜利者从规定的规则中产生：布包石头、石头砸剪刀或者剪刀剪布为赢。

游戏时，玩家输入其手势，电脑随机选一个手势，然后由程序来判定输赢结果。

2. 案例实现

定义三个类：第一个类是 Computer 类(电脑)，该类有属性 name(角色)、score(分数)以及方法 showQuan()(出拳)；第二个类是 Person 类(玩家)，该类拥有属性 name(角色)、score(分数)以及方法 showQuan()；第三个类是 Game 类(比赛)，该类拥有属性 count(出拳的总次数)、countw(玩家赢的次数)、countp(平局的次数)、countc(电脑赢的次数)以及方法 begin()(开始评判)、showMessage()(显示输赢信息)。

根据以上分析，设计代码如下：

```python
import  random                                          #导入随机数模块
class Computer():                                       #定义电脑类
    def __init__(self):
        a = random.randint(0,2)                         #从0-2 随机出一个数
        nameList =['刘备','关羽','张飞']
        self.name =nameList[a]                          #选择角色
        self.score = 0
    def showQuan(self):                                 #模拟电脑出拳
        a = random.randint(0,2)
        quans=['剪刀','石头','布']                       #定义出拳手势类型
        print('电脑： ',self.name,'出了',quans[a])
        return a


class Person():                                         #定义玩家类
    def __init__(self):
        pname = input("选择角色:[0:孙悟空  1:猪八戒  2：沙僧] ")
        names =['孙悟空','猪八戒' ,'沙僧']
        self.name=names[int(pname)]                     #选择角色
        self.score = 0
    def showQuan(self):                                 #角色出拳
        q = int(input("请您出拳： [0.剪刀  1.石头   2.布] "))
        qs =['剪刀','石头','布']
        print("玩家: ",self.name,"出了",qs[q])
        return   q


class Game():                                           #定义比赛类
    def __init__(self):
        self.count = 0                                  #比赛总次数初始值为0
        self.countw = 0                                 #玩家赢的次数
        self.countp = 0                                 #平局的次数
        self.countc = 0                                 #电脑赢的次数
        self.c = Computer()
        self.p = Person()
        self.begin()
    def begin(self):                                    #开始游戏
```

```python
        answer = input("是否继续:[Y/N] ")
        while answer == 'Y' or answer == 'y':
            a = self.p.showQuan()                    #调用 Person 类的方法，完成出拳
            b = self.c.showQuan()                    #调用 Computer 类的方法，完成出拳
            #角色和电脑对战  0.剪刀  1.石头   2.布
            if (a==0 and b==2) or (a == 1 and b==0) or (a==2 and b==1):
                self.p.score += 5
                self.countw += 1
                print("恭喜您，赢了")
            elif a==b:
                self.countp += 1
                print("平局")
            else:
                self.c.score+=5
                self.countc += 1
                print("电脑赢")
            self.count += 1
            answer = input("是否继续:[Y/N] ")
        self.showMessage()
    def showMessage(self):                           #显示比赛最终的输赢信息
        print(self.c.name,"VS",self.p.name)
        print("比赛总次数:",self.count)
        print("玩家:",self.p.name, "赢的次数:",self.countw)
        print("平局的次数:",self.countp)
        print("电脑:",self.c.name, "赢的次数:", self.countc)
        if self.c.score < self.p.score:
            print("最终玩家",self.p.name ,"赢了")
        elif self.c.score == self.p.score:
            print("最终是平局")
        else:
            print("最终电脑",self.c.name,"赢了")
if __name__ == "__main__":                           #以独立方式运行
    game = Game()                                    #开始游戏
```

运行程序，输出结果如下：

选择角色:[0:孙悟空 1:猪八戒 2：沙僧] 2
是否继续:[Y/N] y
请您出拳：[0.剪刀 1.石头   2.布] 1

玩家： 沙僧 出了 石头
电脑： 关羽 出了 剪刀
恭喜您，赢了
是否继续:[Y/N] n
关羽 VS 沙僧
比赛总次数: 1
玩家: 沙僧 赢的次数: 1
平局的次数: 0
电脑: 关羽 赢的次数: 0
最终玩家 沙僧 赢了

本章小结

Python 语言非常灵活，除了支持命令式编程、函数式编程外，还支持面向对象编程。Python 完全采用了面向对象程序设计的思想，是真正面向对象的高级动态编程语言，完全支持面向对象的基本功能，如封装、继承、多态以及对父类方法的覆盖或重写，但是不支持方法的重载。

本章主要介绍了 Python 面向对象程序设计的基础知识，结合案例生动地讲解分析了面向对象程序设计中常见的编程要点，包括类定义、构造方法、析构方法、继承、多态等相关知识以及使用技巧，最后通过一个综合案例进行巩固和提高。通过对本章的学习，读者应该掌握 Python 语言中面向对象技术的有关知识，并在程序中去正确应用它们。

课后习题

1. 下列选项中，不属于 Python 面向对象三大特性的是(　　)。
   A. 封装　　　　　　　　　B. 重载
   C. 继承　　　　　　　　　D. 多态
2. 构造方法是类的一个特殊方法，Python 中它的方法名为(　　)。
   A. 与类同名　　　　　　　B. _construct
   C. __init__　　　　　　　D. new
3. Python 中定义私有属性的方法是(　　)。
   A. 使用 private 关键字
   B. 使用 public 关键字
   C. 使用__XX__定义属性名
   D. 使用__XX 定义属性名
4. 下列选项中，用于标识静态方法的是(　　)。

A. @classmethod   B. @instancemethod
C. @staticmethod   D. @privatemethod

5. 下列方法中，不可以使用类名访问的是(　　)。
   A. 实例方法   B. 类方法
   C. 静态方法   D. 以上三项都不可以

6. 编写一个学生类，要求有一个计数器的属性，统计总共实例化了多少个学生类。

7. 编写程序，有两个类，类 A 继承自类 B，两个类都实现了 handle()方法，在类 A 的 handle()方法实现中调用类 B 的 handle()方法。

第 8 章 异常处理

程序运行过程中不可避免地会因为内在缺陷或者用户使用不当等原因，而无法按照预定的流程运行下去，这种在程序运行时产生的例外或违例情况称为异常。在发生异常时如果不及时妥善地处理，将导致程序崩溃，无法继续运行。程序员在编写程序的时候，需要进行相应的异常处理。Python 使用异常处理结构来处理可能发生的异常，可以提高程序的容错性和安全性。本章主要介绍常见异常结构的形式及断言的使用。

8.1 错误与异常

Python 至少有两类不同的错误：语法错误(Syntax Errors)和异常(Exceptions)。

语法错误，也叫解析错误，是初学 Python 编程的人员最容易犯的错误，如下面的例子：

```
>>> while True print ('Hello world')
SyntaxError: invalid syntax
```

例子中的语法错误就是在 print 前少了冒号(这是一个死循环)。程序执行过程中，Python 解释器会检测源代码中是否存在语法错误，如果发现语法错误，Python 解释器会给出错误所在的位置及出错原因，并且在最先找到的错误处进行标记。

一条语句或者一个表达式即使没有语法错误，也有可能在执行时出现错误，这种错误也称为异常(非致命性)。严格来说，语法错误和逻辑错误不属于异常，但有些语法错误往往会导致异常。

简单地说，异常是指程序运行时引发的错误。引发错误的原因有很多，例如除零、下标越界、文件不存在、网络异常、类型错误、名字错误、字典键错误、磁盘空间不足等等。如果这些错误得不到正确的处理将会导致程序终止运行。合理地使用异常处理结果可以让程序更加健壮，具有更强的容错性，不会因为用户不小心的错误输入或其他原因而造成程序终止。

异常具有不同类型，常见的内置异常有 ZeroDivisionError、NameError、TypeError 等，这些异常称为标准异常；还有一类异常是用户自定义的。

异常是一个事件，该事件会在程序执行过程中发生，影响程序的正常执行。一般情况下，如果 Python 解释器无法继续执行程序，就会抛出一个异常。这时就需要捕获并处理异常，否则解释器会终止程序的执行。

8.2 异常类

在 Python 中,异常是以对象的形式实现的,BaseException 类是所有的异常类的父类(也称基类),而它的子类 Exception 类则是所有内置异常类和用户自定义异常类的父类。Python 中常见的异常类型如表 8-1 所示。

表 8-1 ▶ 常见异常类型

异常名称	描 述
ArithmeticError	所有数值计算错误的父类
AttributeError	对象没有这个属性
BaseException	所有异常的父类
Exception	常规错误的父类
ZeroDivisionError	除(或取模)零(所有数据类型)
NameError	未声明/初始化对象 (没有属性)
SyntaxError	语法错误
IndexError	序列中没有此索引(index)
KeyError	映射中没有这个键
FileNotFoundError	文件未找到
IndentationError	缩进错误
ValueError	传入无效的参数

8.3 异常处理

Python 中异常处理结构的基本形式是 try...except。如果出现异常并且被 except 子句捕获,则执行 except 子句中的异常处理代码;如果出现异常但是没有被 except 捕获,则继续往外层抛出;如果所有层都没有捕获并处理该异常,则程序终止并将该异常抛给最终用户。

8.3.1 捕获指定异常

Python 异常的捕获使用 try...except 结构,把可能发生异常的语句放在 try 子句里,用 except 子句来处理异常,每一个 try,都必须至少对应一个 except。try...except 语法格式如下:

```
try:
    可能引发异常的语句块
except 异常类型名称:
    进行异常处理的语句块
```

示例如下：

```
s = "Hello Python!"
try:
    print(s[100])
except IndexError:
    print("IndexError...")
print("Continue")
```

try 子句中打印一个不存在的字符串的索引值，except 捕获到这个异常，输出结果：

```
IndexError...
Continue
```

如果没有对异常进行任何预防，那么在程序执行过程中发生 IndexError 异常时，就会中断程序，输出异常提示信息"IndexError: string index out of range"。

如果进行了异常处理，那么当程序发生 IndexError 异常时，Python 解释器会自动寻找 exccpt 语句，except 捕获这个异常，执行异常处理代码，之后程序继续往下执行。这种情况下，不会中断程序。

8.3.2 捕获多个异常

在实际开发中，同一段代码可能会抛出多个异常，需要针对不同的异常类型进行相应的处理。为了支持多个异常的捕获和处理，Python 提供了带有多个 except 的异常处理结构。

捕获多个异常有 3 种方式。

第 1 种是一个 except 同时处理多个异常类型，不区分优先级，格式如下：

```
try:
    可能引发异常的语句块
except (<异常类型 1>, <异常类型 2>, ...):
    进行异常处理的语句块
```

第 2 种是区分异常类型的优先级，格式如下：

```
try:
    可能引发异常的语句块
except    <异常类型 1>:
    进行异常处理的语句块
except    <异常类型 2>:
    进行异常处理的语句块
    ...
```

这种异常处理结构的语法规则是：

➢ 执行 try 子句下的语句，如果引发异常，则执行流程会跳到第 1 个 except 语句。

- ➢ 如果第 1 个 except 中定义的异常与引发的异常匹配，则执行该 except 中的语句。
- ➢ 如果引发的异常不匹配第 1 个 except，则会依次搜索后面的 except 子句。
- ➢ 一旦某个 except 捕获了异常，后面剩余的 except 子句将不会再执行。
- ➢ 如果所有的 except 都不匹配，异常会传递到调用本代码的外层 try 代码中。

示例如下：

```
try:
    num1 = input("请输入第 1 个数：")
    num2 = input("请输入第 2 个数：")
    print(int(num1) / int(num2))
except ZeroDivisionError:
    print("第 2 个数不能为 0")
except ValueError:
    print("只能输入数字")
```

运行程序，输入 0 和 a，输出结果为：

```
请输入第 1 个数：0
请输入第 2 个数：a
只能输入数字
```

第 3 种是捕获所有类型的异常，格式如下：

```
try:
    可能引发异常的代码块
except :
    进行异常处理的代码块
```

8.3.3 未捕获到异常

带 else 子句的异常处理结构是一种特殊形式的选择结构。如果 try 子句中的代码抛出了异常，并且被某个 except 捕获，则执行相应的异常处理代码，这种情况下不会执行 else 中的代码；如果 try 中的代码没有抛出任何异常，则执行 else 子句中的代码块。

如果使用 else 子句，那么必须放在所有的 except 子句之后。语法格式如下：

```
try:
    可能引发异常的代码块
except   <异常类型 1>:
    异常处理代码块
except   <异常类型 2>:
    异常处理代码块
…
else:
```

代码块   # try 子句中没有发生异常,则执行此代码块

示例如下:

```
s = '5'
try:
    int(s)
except Exception as e:
    print(e)
else:
    print("No Exception")
```

运行程序,输出信息如下:

No Exception

8.3.4 try...except...finally 语句

无论是否发生异常,try...except...finally 语句都会执行 finally 子句中的语句块,常用来做一些清理工作以释放 try 子句中申请的资源。

示例如下:

```
s = 'Python'
try:
    int(s)
except Exception as e:
    print(e)
else:
    print("try 内代码块没有异常则执行")
finally:
    print("无论异常发生与否,都会执行该 finally 语句")
```

运行程序,输出信息如下:

invalid literal for int() with base 10: 'Python'
无论异常发生与否,都会执行该 finally 语句

注意:如果 try 子句中的异常没有被捕获和处理,或者 except 子句、else 子句中的代码出现了异常,那么这些异常将会在 finally 子句执行完后再次被抛出。

8.4 自定义异常和抛出异常

实际开发中,系统提供的异常类型不一定能够满足开发的需要,这时可以创建自定义

的异常类。自定义异常类继承自 Exception 类，可以直接继承，也可以间接继承。

内置的异常触发时，系统会自动抛出异常，比如 NameError。但用户自定义的异常需要用户决定什么时候抛出。

当程序出现异常，Python 会自动抛出异常，也可以通过 raise 语句显式地抛出异常，基本格式如下：

raise 异常类	#引发异常时会隐式的创建对象
raise 异常类对象	#引发异常类实例对象对应的异常
raise	#重新引发刚刚发生的异常

raise 唯一的参数指定要被抛出的异常，它必须是一个异常的实例或者是异常的类(Exception 的子类)。大多数异常的名字都以"Error"结尾，所以实际命名时尽量跟标准的异常命名一致。一旦执行了 raise 语句，其后的语句将不能执行。

下面通过一个案例演示自定义异常和抛出异常：

```
class CustomError(Exception):                        #自定义异常类，继承 Exception
    def __init__(self,ErrorInfo,name,age):
        super().__init__(self)                       #初始化父类
        self.errorinfo = ErrorInfo
        self.name = name
        self.age = age
    def __str__(self):                               #__str__方法是类的特殊方法，功能是转换为字符串
        return self.errorinfo
if __name__ == '__main__':
    try:
        raise CustomError('客户异常',"张三",18)      #主动抛出异常，即实例化一个异常类
    except CustomError as e:                         #捕获 CustomError 类携带的信息
        print(e,e.name,e.age)
```

本例自定义继承自 Exception 的异常类 CustomError，它有三个属性(errorinfo、name 和 age)和一个方法__str__(打印实例化对象调用)。运行程序，raise 主动抛出异常，即实例化一个异常类，同时捕获 CustomError 异常的信息并输出捕获的异常的信息。例如：

客户异常 张三 18

8.5 断　　言

断言在形式上比异常处理结构要简单一些，使用断言是编写 Python 程序的一个非常好的习惯。Python 使用 assert 语句来支持断言功能。

assert 的语法格式为：

```
assert expression, data
```

上述格式中，assert 后面紧跟一个逻辑表达式 expression，相当于条件，data 通常是一个字符串，表示异常类型的描述信息。

当表达式的结果为 True 时，什么也不做，当表达式的结果为 False 时，则抛出 AssertionError 异常。

assert 的等价语句为：

```
if not expression:
    raise AssertionError
```

断言的示例如下：

```
>>> assert 2 < 1, "出现错误了！"
Traceback (most recent call last):
  File "<pyshell#5>", line 1, in <module>
    assert 2 < 1, "出现错误了！"
AssertionError: 出现错误了！
```

8.6 案例实战

1. 案例描述

在程序运行的过程中，如果发生了异常，可以捕获异常，也可以抛出异常。设计一个程序，在异常处理中同时捕获异常和抛出异常的描述信息。

2. 案例实现

本案例的实现代码如下：

```
class Test(object):
    def __init__(self, switch):
        self.switch = switch
    def calc(self, a, b):
        try:
            return a / b
        except Exception as result:
            if self.switch:
                print("捕获开启，已经捕获到了异常，信息如下:")
                print(result)
            else:
                raise                       #重新抛出这个异常，触发默认的异常处理
a = Test(True)
```

```
a.calc(12,0)
print("-----------------------------------")
a.switch = False
a.calc(12,0)
```

连续两次调用 calc(12,0)方法，通过 switch 开关，第一次捕获到异常处理信息，第二次触发默认的异常处理信息。输出结果如下：

```
捕获开启，  已经捕获到了异常，  信息如下：
division by zero
-----------------------------------
Traceback (most recent call last):
    File "D:/PythonTest/book/8-8.py", line 18, in <module>
        a.calc(12,0)
    File "D:/PythonTest/book/8-8.py", line 6, in calc
        return a/b
ZeroDivisionError: division by zero
```

本章小结

本章围绕 Python 的异常处理结构进行介绍，包括异常的概念、系统的异常类、异常处理、自定义异常、异常的抛出和断言 assert 语句的使用。异常处理结构中主要的关键字有 try、except、finally 和 else。通过本章的学习，读者应该掌握异常处理的一般结构、异常的捕获和异常的抛出，能够在程序中合理地应用它们。异常处理结构可以提高程序的容错性和健壮性，但是不建议过多依赖异常处理结构。

课后习题

1. 关于程序的异常处理，以下选项中描述错误的是(　　)。
A. 异常经过妥善处理后，程序可以继续运行
B. 异常语句可以与 else 和 finally 关键字配合使用
C. 编程语言中的异常和错误是完全相同的概念
D. Python 通过 try、except 等保留字提供异常处理功能
2. 以下选项中，Python 用来捕获特定类型异常的关键字是(　　)。
A. except　　　　　　B. do　　　　　　C. pass　　　　　　D. while
3. 以下关于异常处理的描述，正确的是(　　)。
A. try 语句中有 except 子句就不能有 finally 子句

B. Python 中，一个 try 子句只能对应一个 except 子句
C. 引用一个不存在索引的列表元素会引发 NameError 错误
D. Python 中允许使用 raise 语句主动引发异常

4. 下列程序运行以后，会产生(　　)异常。

   >>>a

A. SyntaxError   B. NameError   C. IndexRrror   D. KeyError

5. 在完整的异常处理结构中，语句出现的正确顺序是(　　)。

A. try→except→else→finally   B. try→else→except→finally
C. try→except→finally→else   D. try→else→else→except

6. 编写程序，完成以下功能：

输入一个学生的成绩，把其成绩转换为 A—优秀、B—良好、C—合格和 D—不合格的形式，最后将学生的成绩打印出来。要求使用 assert 断言处理分数不合格的情况。

7. 编写一个自定义异常类，程序执行过程如下：

判断输入的字符串长度是否小于 5，如果小于 5，例如输入长度为 3，则输出"'The length of input is 3,expecting at least 5'"，如果大于 5，则输出"'print success'"。

第 9 章 文件操作

文件作为数据永久存储的一种形式,通常位于外部存储器中。文件可以分为文本文件和二进制文件。Python 对文件提供了很好的支持,内置了文件对象以及众多的支持库。本章主要介绍文件的打开和关闭、文件的读写、文件和目录的常见操作等。

9.1 文件的打开和关闭

为了长期保存数据以便重复使用、修改和共享,必须将数据以文件的形式存储到外部存储介质中。文件操作在各类应用软件的开发中占有重要的地位。

按文件中数据的组织形式可以把文件分为文本文件和二进制文件两类。

➢ 文本文件:存储的是常规字符串,由若干文本行组成,每行以换行符"\n"结尾,可以使用文本编辑器进行显示、编辑,并且能够直接阅读。例如,网页文件、记事本文件、程序源代码文件等。

➢ 二进制文件:存储的是字节串 bytes。二进制文件无法直接读取和理解其内容,必须了解其文件结构,使用专门的软件进行解码后才能读取、显示、修改。例如,图形图像文件、音视频文件、可执行文件、数据库文件等。

9.1.1 文件的打开

Python 使用 open()函数打开一个文件,并返回一个可迭代的文件对象,通过该文件对象可以对文件进行读写操作。如果文件不存在、访问权限不够、磁盘空间不足或其他原因导致创建文件对象失败,open()函数会抛出一个 IOError 的异常,并且给出错误码和详细的信息。

open()函数的语法结构如下:

file object = open(filename [, mode='r'][, buffering=-1][, encoding])

参数的含义如下:

➢ filename:要打开的文件名称。

➢ mode:指定打开文件后的处理方式。所有可能取值如表 9-1 所示。这个参数是非强制的,默认文件访问模式为"rt"(为文本文件时,通常省略标识符"t")。

➢ buffering:指定了读写文件的缓存模式。0 表示不缓存,1 表示缓存,大于 1 表示缓冲区的大小,-1 表示缓冲区的大小为系统的默认值。

➢ encoding：指定对文本进行编码和解码的方式，只适用于文本模式。可以使用Python支持的任何编码格式(GBK、UTF-8、CP 936等)，默认值取决于操作系统，Windows下默认值为CP 936。

表9-1► 文件的打开方式

访问模式	描述
r	默认模式，以只读方式打开文本文件。如果文件不存在，则抛出异常
w	打开一个文本文件用于写入。如果该文件已存在，则覆盖；如果不存在，则创建新文件
a	打开一个文本文件用于追加。如果该文件已存在，文件指针将会放在文件的结尾。如果不存在，则创建新文件进行写入
rb	打开一个二进制文件用于只读，文件指针放在文件的开头。如果文件不存在，则抛出异常
wb	打开一个二进制文件用于写入。如果该文件已存在，则覆盖；如果不存在，则创建新文件
ab	以二进制格式打开一个文件用于追加。如果该文件已存在，文件指针将会放在文件的结尾；如果不存在，则创建新文件进行写入
r+	打开一个文本文件用于读写，文件指针将会放在文件的开头
w+	打开一个文本文件用于读写，如果该文件已存在，则覆盖；如果不存在，则创建新文件
a+	打开一个文本文件用于读写。如果该文件已存在，文件指针将会放在文件的结尾，文件打开时是追加模式；如果不存在，则创建新文件用于读写
rb+	以二进制格式打开一个文件用于读写，文件指针将会放在文件的开头
wb+	以二进制格式打开一个文件用于读写，如果该文件已存在，则覆盖；如果不存在，则创建新文件
ab+	以二进制格式打开一个文件用于追加。如果该文件已存在，文件指针将会放在文件的结尾；如果不存在，则创建新文件用于读写

9.1.2 文件的关闭

close()方法用于关闭一个已打开的文件。可以将缓冲区的数据写入文件中，然后再关闭文件。关闭后的文件不能再进行读写操作，否则会触发 ValueError 异常。close()方法允许调用多次。

flush()方法将缓冲区的数据写入文件，但是不关闭文件。

需要注意的是，即使写了关闭文件的代码，也无法保证文件一定能够正常关闭。例如，如果在打开文件之后和关闭文件之前发生了错误导致程序崩溃，这时文件就无法正常关闭。在管理文件对象时推荐使用 with 关键字，可以有效避免这个问题。文件在读写结束后会自动关闭，即使是异常引起的结束也是如此。

上下文管理器 with 语句的用法如下：

with open(filename,mode,encoding) as fp:

通过文件对象 fp 读写文件内容的语句

close()方法的使用非常简单，下面的代码演示了 open()函数和 close()方法的使用：

```
fp = open("test.txt", "w")                          #以写方式打开文本文件
print( "文件名为", fp.name)
fp.close()                                          #关闭文件
#推荐使用 with 语句来管理文件对象，以确保文件一定能关闭
with open("test.txt", "w") as fp:
    print( "文件名为", fp.name)
```

9.2 文本文件的读写

文件对象提供了一系列的方法，能让文件访问更加轻松。本节主要介绍如何读写文本文件。

9.2.1 写文件

1. write()

write()方法用于向一个打开的文件中写入指定的字符串。在文件关闭前或缓冲区刷新前，字符串内容存储在缓冲区中，这时在文件中看不到写入的内容。

注意：write()方法不会自动在字符串的末尾添加换行符 "\n"。

write()方法的语法格式如下：

```
fileObject.write(str )
```

参数 str：要写入文件的字符串。
返回值：写入的字符长度。

在操作文件时，每调用一次 write()方法，写入的数据就会追加到文件末尾，下面的代码演示了 write()方法的使用：

```
fp= open("test.txt", "w")                           #以写方式打开文本文件
fp.write("My name is Guido van Rossum!\n")
fp.write("I invented the Python programming language!\n")
fp.write("I love Python!\n")
fp.close()
```

程序运行后，会在当前路径下生成一个名为 test.txt 的文件，打开该文件，可以看到数据成功被写入。test.txt 文件内容如下：

My name is Guido van Rossum!
I invented the Python programming language!

I love Python!

注意：当向文件中写入数据时，如果文件不存在，系统会自动创建一个文件并写入数据；如果文件存在，则清空原来文件的数据，写入新数据。

2. writelines()

writelines()方法把字符串列表写入文本文件，不添加换行符"\n"。

示例如下：

```
#读取文本文件 data.txt 中的所有整数，并按照升序排序后写入文本文件 data_desc.txt 中
with open("data.txt","r") as fp:
    data = fp.readlines()                        #读取所有数据，放入到列表中
data = [int(line.strip()) for line in data]      #提取每行的数据，删除两端空白字符
data.sort(reverse = False)                       #原地排序
data = [str(i) + "\n" for i in data]             #生成要写入的列表内容
with open("data_desc.txt","w") as fp:
    fp.writelines(data)
```

9.2.2 读文件

Python 文件对象提供了三个用于文件读取的方法：read()、readline() 和 readlines()。

1. read()

read()方法从文件当前位置开始读取 size 个字符串，若无参数 size，则表示读取至文件结束为止。如果多次使用，那么后面读取的数据是从上次读完后的位置开始的。

read()语法结构如下：

```
fileObject.read([size])
```

参数 size：从文件中读取的字符数。如果没有指定字符数，那么就表示读取文件的全部内容。

返回值：从文件中读取的字符内容。

下面的代码演示了 read()方法的使用：

```
with open("test.txt", "r") as fp:                #以只读方式打开文本文件
    content = fp.read(10)
    print(content)
```

运行结果如下：

```
My name is
```

2. readline()

该方法每次只读取文件中的一行内容，读取时占用内存小，比较适合大文件。该方法返回一个字符串对象。

readline()语法如下：

fileObject.readline()

返回值：读取的字符串。

下面的代码演示了 readline()方法的使用：

```
with    open("test.txt", "r")    as fp:                    #以只读方式打开文件
    line = fp.readline()
    print("读取第一行:%s" % (line))
    print("----------------------华丽的分割线----------------")
    while line:                                             #循环读取每一行
        print(line)
        line = fp.readline()
    print( "文件", fp.name, "已经成功分行读出！")
```

程序运行后，在当前的路径下以只读方式读取名为 test.txt 的文本文件，读取第一行内容，并打印。之后循环读取每一行的内容，可以看到数据被成功读出。

readline()方法读取的是一行内容，带有换行符 "\n"，而且 print()函数默认输出后会以 "\n" 结束，所以输出时会有空行，运行结果如下：

读取第一行：   My name is Guido van Rossum!

----------------------华丽的分割线----------------
My name is Guido van Rossum!

I invented the Python programming language!

I love Python!
文件 test.txt 已经成功分行读出！

3. readlines()

readlines()方法读取文件的所有行，保存在一个列表中，每行作为列表的一个元素，在读取大文件时会比较占用内存。该列表内容可以通过 for 循环进行读取。

readlines()方法语法如下：

fileObject.readlines()

返回值：包含所有行的列表。

下面的代码演示了 readlines ()方法的使用：

```
with    open("test.txt", "r")    as    fp:
    lines = fp.readlines()
    print(("列表形式存放每一行: %s" %(lines)))
```

```
          print("---------------------分割线------------------")
          for line in lines:                                   #依次读取每行
                line = line.strip()                            #去掉每行头尾空白字符
                print("读取的数据为: %s" % (line))
          print( "文件", fp.name, "已经成功把所有行读出！")
```

9.3 二进制文件的读写

1. 读写一般原则

前面讲述的文本文件的各种方法均可以用于二进制文件，区别在于，二进制文件读写的是 bytes 字节串。

示例如下：

```
with open("test.bt","wb") as fp:
          fp.write("abcd")                                     #产生异常，需要转换成 bytes
```

运行该程序，由于写入的是一个字符串，不是字节串，系统会抛出异常，信息如下：

```
TypeError            Traceback (most recent call last)
TypeError: a bytes-like object is required, not 'str'
```

修改后的程序如下：

```
with open("test.bt","wb+") as fp:
          fp.write(bytes("我爱中国".encode("utf-8")))          #转换成字节串，使用 UTF-8 编码
          fp.seek(0)                                           #文件指针定位到开头
          b = fp.read().decode("utf-8")                        #解码方式和编码方式要一致
          print(b)
```

运行结果如下：

```
我爱中国
```

可以看出，如果直接用二进制文件格式存储 Python 中的各种对象，通常需要进行繁琐的编解码转换。

2. pickle

Python 提供了标准模块 pickle 用来处理文件中对象的读写，用文件来存储程序中的各种对象称为对象的序列化。

所谓序列化，简单地说就是在不丢失其类型信息的情况下，把内存中的数据转成对象的二进制形式。对象序列化后的形式经过正确的反序列化过程，应该能够准确无误地恢复为原来的对象。

示例如下：

```
import pickle                    #导入 pickle 模块
name = "张三"
age = 20
scores = [65,70,76,80]
with open("test.bt","wb+") as fp:   #以读写方式打开二进制文件
    pickle.dump(name,fp)            #序列化对象,并将结果数据流写入到文件对象中
    pickle.dump(age,fp)
    pickle.dump(scores,fp)
    fp.seek(0)                      #将文件指针移动到文件开头
    print(fp.read())                #读出文件的全部内容,返回一个字节串
    fp.seek(0)
    name = pickle.load(fp)          #从 fp 中读取一个字符串,并将它重构为原来的 Python 对象
    age = pickle.load(fp)
    scores = pickle.load(fp)
    print(name,";",age,";",scores)
```

运行结果如下:

b'\x80\x03X\x06\x00\x00\x00\xe5\xbc\xa0\xe4\xb8\x89q\x00.\x80\x03K\x14.\x80\x03]q\x00(KAKFKLKPe.'
张三 ; 20 ; [65, 70, 76, 80]

3. JSON

JSON(JavaScript Object Notation)是一种轻量级的数据交换格式,它采用完全独立于编程语言的文本格式来存储和表示数据。简洁和清晰的层次结构使得 JSON 成为理想的数据交换格式。JSON 易于机器解析和生成,能够有效地提升网络传输效率。

示例如下:

```
import json
s = '''三更灯火五更鸡,正是男儿读书时。
黑发不知勤学早,白首方悔读书迟。'''
with open('ex.txt', 'w') as fp:
    json.dump(s, fp)                #将内容序列化并写入 JSON 文件
with open('ex.txt',"r") as fp:
    print(json.load(fp))            #读取 JSON 文件内容并反序列化,生成一个 Python 对象
```

注意:JSON 不支持集合对象的序列化,需要时可以将集合对象转换成其他对象。

9.4 文件的操作

os 模块除了提供使用操作系统的功能和访问文件系统的简便方法外,还提供了大量文

件和目录操作的方法。

1. 重命名文件

os.rename()方法用于重命名文件或目录，rename()方法的语法格式如下：

os.rename(src, dst)

参数：src 是要修改的文件名或目录名，dst 是修改后的文件名或目录名。如果 dst 是一个存在的目录，将抛出 OSError 异常。

返回值：无

2. 删除文件

os.remove() 方法用于删除指定路径的文件。如果指定的路径是一个目录，将抛出 OSError 异常。

remove()方法语法格式：

os.remove(path)

参数：path 是要删除的文件路径

返回值：无

下面通过一个案例来演示 rename()和 remove()方法的应用。

```
import os                                    #导入 os 模块
print("目录为: %s"%os.listdir(os.getcwd()))   #列出当前目录下的文件和子目录
os.rename("test.txt","test1.txt")            #重命名文件
print("重命名成功！ ")
print("重命名后目录为: %s"%os.listdir(os.getcwd()))
os.remove("test1.txt")
print("删除成功！ ")
print("删除后目录为: %s"%os.listdir(os.getcwd()))
```

3. 判断是否文件

os.path.isfile(path)方法判断 path 是否是一个文件，返回值是 True 或者 False。

4. 复制文件

shutil.copy(src.dst)方法将文件 src 复制到文件或目录 dst 中，该函数返回目标文件名。

5. 检查文件是否存在

os.path.exists(path)方法用于检查文件是否存在，返回值是 True 或者 False。

6. 获取绝对路径名

os.path.abspath(path)方法返回 path 的绝对路径名。

示例如下：

```
from os.path import exists,abspath
import shutil
```

```
if not exists(r".\1.py"):                    #当前目录下 1.py 文件不存在
    with open(r".\1.py","wt") as fp:         #创建 1.py 文件
        fp.write("print('hello world!')\n")
filename = shutil.copy(r".\1.py","d:\\data") #复制 1.py 到 d:\data 目录下
print(abspath("1.py"))                       #打印 1.py 文件所在的绝对路径
```

9.5 目录的操作

实际开发中，有时需要用程序的方式对文件夹进行一定的操作，比如，创建、删除、显示目录内容等，我们可以通过 os 和 os.path 模块提供的方法来完成。

1．创建文件夹

os.mkdir(path)方法用于创建目录，目录存在时会抛出 FileExistsError 异常。

2．获取当前目录

os.getcwd()返回当前工作目录。

3．改变当前目录

os.chdir(path)改变当前工作目录。

4．获取目录内容

os.listdir(path)返回 path 指定的目录下包含的文件或子目录的名字列表。

5．删除目录

os.rmdir(path)删除 path 指定的目录，如果目录非空，则抛出一个 OSError 异常。

6．判断是否为目录

os.path.isdir(path)方法用于判断 path 是否为目录，返回一个布尔值。

7．连接多个目录

os.path.join(path,*paths)方法连接两个或多个 path，形成一个完整的目录。

8．分割路径

os.path.split(path)方法对路径进行分割，以元组方式进行返回。os.path.splitext(path)方法从路径中分割文件的扩展名。os.path.splitdrive(path)从路径中分割驱动器名称。

9．获取路径

os.path.abspath(path)方法返回 path 的绝对路径；os.path.dirname(path)返回 path 的路径名部分。

下面通过一个例子，演示文件夹的相关操作。编写一个批量修改文件和目录名的小程序，实现文件和目录名前加上 Python-前缀。

```
import os,os,path                            #导入 os 模块
folderName = './renameDir/'
```

```
dirList = os.listdir(folderName)              # 获取指定路径下所有文件和子目录的名字
for name in dirList:                          # 遍历输出所有文件和子目录的名字
    print("修改前文件名：",name)
    newName = 'Python-' + name
    print("修改后文件名：",newName)
    os.rename(os.path.join(folderName,name), os.path.join(folderName,newName))
```

9.6 案例实战

1．案例描述

编写程序，统计指定目录下所有 Python 源代码文件中不重复的代码行数。只考虑扩展名为 .py 的 Python 源文件，严格相等的两行视为重复行。

2．案例实现

编写统计不重复代码行数的程序。代码如下：

```
from os.path import isdir,join,isfile
from os import listdir

allLines = []                                 #保存所有代码行
notRepeatedLines = []                         #保存不重复的代码行
fileNum = 0                                   #文件的数量
codeNum = 0                                   #代码总行数

def getLinesCount(directory):
    global allLines
    global notRepeatLines
    global fileNum
    global codeNum
    for filename in listdir(directory):       #获取每个文件和子目录名字
        temp = join(directory,filename)       #合并目录和文件名，组成完整的路径名
        if isdir(temp):                       #递归遍历子文件夹
            getLinesCount(temp)
        if isfile(temp) and temp.endswith(".py"):  #过滤指定.py 类型的文件
            fileNum += 1
            with open(temp,"r",encoding = "utf-8") as fp:
                while True:
                    line = fp.readline()
```

```
            if not line:
                break
            if line not in notRepeatedLines:
                notRepeatedLines.append(line)        #记录不重复行
                codeNum += 1
    return (codeNum,len(notRepeatedLines))           #返回一个元组
path = r"d:\pyexe"
print("代码总行数：{0[0]},不重复的代码行数：{0[1]}".format(getLinesCount(path)))
print("文件数量：{0}".format(fileNum))
```

本章小结

文件操作在各类软件开发中均占有重要的地位。二进制文件无法直接读取和理解其内容，必须了解其文件结构和所使用的序列化规则并使用正确的反序列化方法。本章围绕 Python 中的文件操作进行讲解，包括文件的打开与关闭、文件的读写、文件的随机读写、文件的重命名和删除以及文件夹的相关操作。通过本章的学习，读者应该掌握文件的相关操作，能够熟练使用文件对象的方法来完成对文件内容的操作。

课后习题

1. 以下方法名中不是文件写操作的是(   )。
   A．writelines   B．write 和 seek   C．writetext   D．write

2. 文件 book.txt 在当前程序所在目录内，其内容是一段文本：book。下面代码的输出结果是(   )。
   ```
   txt = open("book.txt", "r")
   print(txt)
   txt.close()
   ```
   A．book.txt   B．txt   C．book   D．以上答案都不对

3. Python 文件读取方法 read(size)的含义是(   )。
   A．从头到尾读取文件所有内容
   B．从文件中读取一行数据
   C．从文件中读取多行数据
   D．从文件中读取指定 size 大小的数据，如果 size 为负数或者空，则读到文件结束

4. 给出如下代码：
   ```
   fname = input("请输入要打开的文件: ")
   fp = open(fname, "r")
   ```

```
    for line in fp.readlines():
        print(line)
    fp.close()
```
关于上述代码的描述，以下选项中错误的是(　　)。
A. 通过 fp.readlines()方法将文件的全部内容读入一个字典
B. 通过 fp.readlines()方法将文件的全部内容读入一个列表
C. fp.readlines()读取整个文件，返回数据中每一行有换行符"\n"，输出会有空行
D. 用户输入文件路径，以文本文件方式读入文件内容并逐行打印

5. 执行如下代码：
```
    # coding: utf-8
    fname = input("请输入要写入的文件: ")
    fp = open(fname, "w+")
    ls = ["好雨知时节，","当春乃发生。","随风潜入夜，","润物细无声。"]
    fp.writelines(ls)
    fp.seek(0)
    for line in fp:
        print(line)
    fp.close()
```
以下选项中描述错误的是(　　)。
A. fp.writelines(ls) 将元素全为字符串的 ls 列表写入文件
B. fp.seek(0) 这行代码如果省略，也能打印输出文件内容
C. 代码主要功能是向文件写入一个列表类型，并打印输出结果
D. 执行代码时，从键盘输入"清明.txt"，则"清明.txt"被创建

6. 使用文件读写方法，创建文件 data.txt 的备份文件 data[复件].txt。要求：读取原文件中的数据，并写入备份文件。

7. 用户输入文件名以及开始搜索的路径，搜索该文件是否存在，存在则返回 True。如果遇到文件夹，则进入文件夹继续搜索。

第三篇　Python 数据分析与处理

学习 Python，重点要关注 Python 各具特色的第三方库的使用。Matplotlib 和 Seaborn 模块对分析后的数据进行可视化展示。Numpy(Numerical Python)库是用于科学计算的一个开源 Python 扩展程序库，是科学计算的基础包，它为 Python 提供了高性能的数组与矩阵运算。Pandas(panel data & Python data analysis)是一个用于数据分析和数据操作的工具包。网络爬虫可以自动化地浏览网页中的信息，根据指定的规则下载并提取信息。

本篇共 4 章，重点对 Python 科学计算模块 Numpy、数据分析模块 Pandas、数据可视化模块 Matplotlib 和 Seaborn 以及网络爬虫系统设计等内容进行介绍。其中：

第 10 章：数据可视化技术

第 11 章：Numpy 基础与实战

第 12 章：Pandas 基础与实战

第 13 章：网络爬虫基础与实战

由于 Anaconda 已经内置了很多常用的第三方库，使用时不需要安装，所以，本篇使用 Anaconda 中的 Jupyter Notebook 作为开发环境。

第 10 章 数据可视化技术

Matplotlib 是 Python 中最著名的绘图库，它提供了一整套和 MATLAB 类似的绘图函数集，方便进行快速绘图。Matplotlib 的文档十分完备，而且其展示页面中有上百幅图表的缩略图及其源程序。Seaborn 扩展库在 Matplotlib 的基础上进行了更高级的 API 封装，使得绘图更加简单和方便。本章主要介绍绘图的一些基本概念，结合实例详细说明了柱状图、直方图、饼状图、散点图、箱线图等的绘制过程。

10.1 pyplot 基本绘图流程

Matplotlib 是一套基于 NumPy 的绘图工具包，是 Python 中最著名的绘图包之一。Matplotlib 十分适合交互式绘制图表，可以很方便地设计和输出二维、三维的图表。

Matplotlib 工具包提供了 pyplot 模块完成对图形的绘制，大部分的 pyplot 图形绘制都遵循一个流程。pyplot 基本绘图流程如图 10-1 所示。

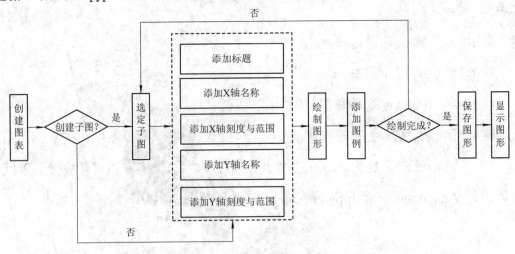

图 10-1 pyplot 绘图基本流程

10.2 基于函数的可视化操作

为了方便快速绘图，Matplotlib 通过 pyplot 模块提供了一套和 MATLAB 类似的绘图函数,只需要调用 pyplot 模块所提供的函数,就可以实现快速绘图及图表的各种细节设置。

下面列出 matplotlib.pyplot 的一些常用函数,具体文档和演示代码可以访问网址 https://matplotlib.org/。

10.2.1 常用绘图函数

1. 创建图表和创建子图

绘图前可以先创建一个空白的图表。可以选择是否将整个图表划分为多个子图,以方便在同一幅图上绘制多个图形(当只需要绘制一幅简单的图形时,这部分内容可以省略)。创建图表和创建子图的函数如表 10-1 所示。

表 10-1▶ 创建图表对象和创建子图对象的常用函数

函数名称	函数说明
figure()	该函数创建一个图表对象,并将其设置为当前的 Figure 对象。也可以不创建 Figure 对象而直接调用 plot()进行绘图,这时 Matplotlib 会自动创建一个 Figure 对象。可以指定图表的标识 id、宽度和高度、背景色、边框色等
subplot()	可以将一个图表划分成多个子图进行绘制,该函数用来设置子图,第 1 个参数是行数,第 2 个参数是列数,第 3 个参数是子图的编号
subplots()	该函数返回 Figure 对象和子图对应的 Axes 对象数组,Axes 是可以进行绘图操作的对象

2. 添加图表内容

这一步是绘图的关键部分,其中添加标题、添加坐标轴名称、绘制图形等步骤是并列的,没有先后顺序。可以先绘制图形,也可以先添加各种标签。但是添加图例一定要在绘制图形之后。pyplot 中添加各种标签、绘制图形和添加图例的函数如表 10-2 所示。

表 10-2▶ 添加标签、绘制图形和添加图例的常用函数

函数名称	函数说明
plot()	创建 Figure 对象之后,接下来调用 plot()在当前的 Figure 对象中绘图。plot()的前两个参数是表示 x、y 轴数据的对象,后面参数是一个格式化字符串,由颜色字符、风格字符和标记字符组成
title()	在当前图表中添加标题,可以指定标题的名称、位置、颜色、字体大小等参数
text()	在指定的位置处设置文本注释信息
xlabel()、ylabel()	添加 x 轴和 y 轴名称,可以指定位置、颜色、字体大小等参数
xlim()、ylim()	设置当前图表的 x 轴和 y 轴取值范围,只能确定一个数值区间
xticks()、yticks()	指定 x 轴和 y 轴刻度的数目与取值
legend()	设置图例,可以设置图例的位置、列数、字体参数、边框等

3. 保存与显示图形

这部分内容的常用函数有两个,如表 10-3 所示。

表 10-3▶ 保存和显示图形的常用函数

函数名称	函数说明
savefig()	保存绘制的图形到文件中,可以指定图形的分辨率、边缘的颜色等参数
show()	在本机上显示图形

在 IPython 中输入 "matplotlib.pyplot.+函数名+?"，可以查看这些函数的说明。
绘图函数的示例如下，执行结果如图 10-2 所示。

```python
#将要显示的图片嵌入到 Jupyter Notebook 中
%matplotlib inline
from matplotlib import pyplot as plt    #导入 pyplot 库
import numpy as np                      #导入科学计算库 numpy
#设置中文字体
font = {
    'family': "KaiTi",                  #字库：楷体
    "weight":"bold",                    #加粗
    "size":16                           #字号
}
plt.rc("font",**font)                   #设置配置参数,使用 matplotlib.rc_params()查看配置参数
plt.rc("axes",unicode_minus=False)      #处理负号显示问题
#创建绘图数据
x = np.arange(0.0, 2.0, 0.01)           #x 轴数据[0.0,2.0]，间隔 0.01
y = 1 + np.sin(2 * np.pi * x)           #y 轴数据
fig = plt.figure(figsize = (20, 8))     #设置图片宽度 20 英寸，高度 8 英寸
plt.plot(x, y,"r--")                    #绘图参数设置
plt.xlabel("时间/s")                    #设置 x 轴标签
plt.ylabel("电压/mv")                   #设置 y 轴标签
plt.title("第一个图形示例")              #设置图片的标题
#下面使用 LaText 语法描绘数学公式，两个$之间是数学公式，LaText 语法会降低图表的描绘速度
t = [r"$1+ sin(2\pi{x})$"]
plt.legend(t,loc="upper left",frameon=True)          #设置图例，位置左上，带边框
#savefig()函数保存图表到文件，它的参数可以指定要保存的文件名、分辨率、去除四周空白
plt.savefig(r"d:\test2.png",dpi=1000,bbox_inches='tight',pad_inches=0)
plt.show()                              #显示图形
```

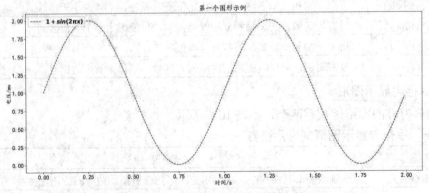

图 10-2　使用 pyplot 模块绘图

10.2.2 绘制多个子图

一个 Figure 对象可以包含多个子图(Axes)，在 Matplotlib 中用 Axes 对象表示一个绘图区域(子图)。可以用 subplot()函数快速绘制包含多个子图的图表，它的调用形式如下：

subplot(nrows,ncols,index,**kwargs)

整个绘图区域被等分为 nrows 行和 ncols 列，然后按照从左到右、从上到下的顺序对每个区域进行编号，左上区域的编号为 1。index 参数指定创建 Axes 对象所在的区域。如果 3 个参数的值都小于 10，那么就可以把它们缩写成一个整数，例如 subplot(2,2,1)等价于 subplot(221)。如果新创建的子图和之前创建的子图区域有重叠的部分，那么之前的子图会被删除。kwargs 关键值参数用来定义子图的属性。该函数返回创建的 Axes 对象，可以将它用变量保存起来，然后用 sca()交替让它们成为当前 Axes 对象，并调用 plot()在其中绘图。

下面的程序演示了如何依次在图表的不同子图中绘制图形，结果如图 10-3 所示。

```python
import numpy as np
from matplotlib import pyplot as plt
plt.figure(1)                                          #创建图表 1
plt.figure(2)                                          #创建图表 2
ax1 = plt.subplot(211)                                 #在图表 2 中创建子图 1
ax2 = plt.subplot(212)                                 #在图表 2 中创建子图 2
x = np.linspace(0,3,100)                               #生成 x 轴数据
for i in range(5):
    plt.figure(1)                                      #选择图表 1
    plt.plot(x,np.exp(i*x/3),label=r"$e^{%dx}$"%i)     #在图表 1 中绘图
    plt.legend()                                       #显示图例
    plt.sca(ax1)                                       #选择图表 2 的子图 1
    plt.plot(x,i+x,label=r"%d+x"%i)                    #在图表 2 的子图 1 中绘图
    plt.legend()
    plt.sca(ax2)                                       #选择图表 2 的子图 2
    plt.plot(x,np.cos(i*x),label=r"cos%dx"%i)          #在图表 2 的子图 2 中绘图
    plt.legend()
plt.figure(1)
plt.savefig("d:/test1.png")                            #图表 1 存盘
plt.figure(2)
plt.savefig(r"d:\test2.png",dpi=1000,bbox_inches='tight',pad_inches=0)
plt.show()                                             #图表 2 存盘
```

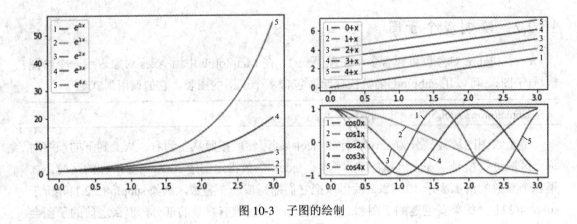

图 10-3 子图的绘制

10.3 基于对象的可视化操作

Matplotlib 通过 pyplot 模块提供了一套和 MATLAB 类似的绘图 API，将众多绘图对象所构成的复杂结构隐藏在这些 API 中，我们只需要调用 pyplot 模块提供的函数，就可以实现快速绘图以及设置图表的各种细节。pyplot 模块虽然简单易用，但是不适合在较大的应用程序中使用，因此本节将介绍如何使用 Matplotlib 以面向对象方式编写绘图程序。

为了将面向对象的绘图库封装成使用函数的调用接口，pyplot 模块内部保存了当前图表以及当前子图等信息。当前的图表和子图可以通过 gcf() 和 gca() 获得，其中 gcf() 获得表示图表的 Figure 对象，gca() 获得表示子图的 Axes 对象。

使用 Matplotlib 绘制的图表每个组成部分都和一个对象对应，可以通过调用这些对象的属性设置方法 set_*() 或者 pyplot 模块的属性设置方法 setp() 来设置它们的属性值，也可以通过属性获取方法 get_*() 或者 pyplot 模块的属性获取方法 getp() 来获取对象的属性，或者直接获取对象的属性。

属性设置示例代码如下，运行结果如图 10-4 所示。

```
%matplotlib inline
import numpy as np
from matplotlib import pyplot as plt

plt.rcParams["font.family"] = "KaiTi"        #使用楷体字库
plt.rcParams["font.size"] = "16"             #设置字体大小
plt.text(0,60,u"使用面向对象的方法绘图")      #添加注释信息
x = np.arange(0,5,0.1)                       #生成 x 轴数据
lines = plt.plot(x,x ** 2,x,x**3)            #plot()返回一个元素类型为 Line2D 的列表
lines[0].set_label(r"$x^2$")                 #设置第 1 个图表的图示 $x^2$
lines[0]._color = "r"                        #设置第 1 个图表对象的颜色为红色
lines[0].set_linestyle("--")                 #设置第 1 个图表的线型为虚线
```

```
plt.setp(lines[1],color="g",label=r"$x^3$")    #设置第 2 个图表的颜色和图示
plt.setp(lines,linewidth=3.0)                  #两个图表线宽统一设置为 3
plt.getp(lines[0])                             #使用 getp()获取第 1 个图表对象的属性
print(lines[1]._label)                         #直接获取第 2 个图表对象的 label 属性
plt.legend()
plt.show()
```

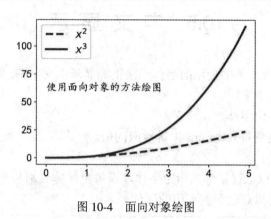

图 10-4　面向对象绘图

10.4　配　置　文　件

　　绘制一幅图表需要对很多的对象属性进行配置，例如颜色、字体、线型等。然而，在绘图时，并没有逐一对这些属性进行配置，许多都直接采用了 Matplotlib 的默认配置，这些默认配置保存在一个名为"matplotlibrc"的配置文件中。通过修改配置文件，就可以修改图表的默认样式。

　　可以通过以下语句获得目前所使用的配置文件的路径：

```
>>>import matplotlib
>>>matplotlib.matplotlib_fname()
D:\\anaconda3\\lib\\site-packages\\matplotlib\\mpl-data\\matplotlibrc
```

　　Matplotlibrc 配置文件是一个文本文件，它实际上是一个字典。配置文件的读入可以使用 rc_params()函数，它返回一个配置字典。

　　Matplotlib 模块在载入时会自动调用 rc_params()，并把得到的配置保存到 rcParams 字典变量中。

　　Matplotlib 使用 rcParams 字典中的配置进行绘图，用户可以直接修改此字典中的配置。为了方便对配置字典进行设置，可以使用 rc()方法。

　　示例如下：

```
>>>matplotlib.rc("lines",marker="x",linewidth=2.0,color="red")    #设置 lines 的点标识、线宽和颜色
>>>print(matplotlib.rcParams["lines.color"])                      #访问 lines 颜色键的值
```

red

如果希望恢复到默认的配置，可以调用 rcdefaults()函数。如果手工修改了配置文件，希望从配置文件载入最新的配置，可以调用下列语句：

matplotlib.rcParams.update(matplotlib.rc_params())

10.5 中文显示

Matplotlib 默认配置文件中使用的字体无法正确显示中文字符，为了让图表能正确显示中文字符，有三种解决方案：
- 代码中直接指定字体。
- 修改配置字典变量 rcParams 中键对应的值。
- 修改配置文件。

在 Matplotlib 中可以通过字体名指定字体，而每个字体名都与一个字体文件相对应。通过下面的代码可以获取所有可用的字体列表：

```
>>>from matplotlib.font_manager import fontManager as font
>>>font.ttflist
[<Font 'STIXSizeOneSym' (STIXSizOneSymBol.ttf) normal normal bold normal>,
 <Font 'KaiTi' (simkai.ttf) normal normal 400 normal>,
 ...
]
```

fontManager.ttlist 是 Matplotlib 的系统字体索引列表，其中每个元素都是表示字体的 Font 对象，例如，从上面字体列表中可知，第 2 个 Font 对象的字体名 "KaiTi" 与字体文件 "simkai.ttf" 相对应。

如果要使用 Windows 中 Fonts 目录下众多的复合字体文件(*.ttc)，可以直接创建字体文件的 FontsProperties 对象，并使用此对象指定图表中各种文字的字体。

示例如下：

```
from matplotlib.font_manager import FontProperties
from matplotlib import pyplot as plt
import numpy as np
font = FontProperties(fname=r"c:\windows\fonts\simsun.ttc",size=16)   #使用 Windows 的宋体，字号 16
x = np.linspace(0,10,1000)                                            #创建一个等差数列
y = np.cos(x)
plt.figure()
plt.plot(x,y)
plt.xlabel(u"时间",fontproperties=font)                                #设置 x 轴标签
```

```
plt.ylabel(u"振幅",fontproperties=font)                    #设置 y 轴标签
plt.title(u"余弦波",fontproperties=font)                    #设置图表标题
plt.show()
```

还可以直接修改配置字典，这样就不需要在每次绘制文字时设置字体了。

```
plt.rcParams["font.family"] = "KaiTi"
```

10.6 分 类 图

10.6.1 对数坐标图

绘制对数坐标图的函数主要有 3 个，分别是：semilogx()、semilogy()和 loglog()，它们分别绘制 X 轴、Y 轴以及 XY 轴为对数坐标的图表。

下面程序使用 4 种不同的坐标系绘制低通滤波器的频率响应曲线，结果如图 10-5 所示。

```
%matplotlib inline
from matplotlib import pyplot as plt
import numpy as np
plt.rcParams["font.family"] = "KaiTi"                      #使用楷体字库
x = np.linspace(0.1,1000,1000)
y = np.abs(1/(1+0.01j*x))                                  #计算低通滤波器的频率响应
plt.subplot(221)
plt.plot(x,y,linewidth=2.0,label="算术对数坐标系")
plt.ylim(0,1.5)
plt.legend()
plt.subplot(222)
plt.semilogx(x,y,linewidth=2.0,label="X 轴对数坐标系")
plt.ylim(0,1.5)
plt.legend()

plt.subplot(223)
plt.semilogy(x,y,linewidth=2.0,label="Y 轴对数坐标系")
plt.legend()

plt.subplot(224)
plt.loglog(x,y,linewidth=2.0,label="XY 轴对数坐标系")
plt.legend()
```

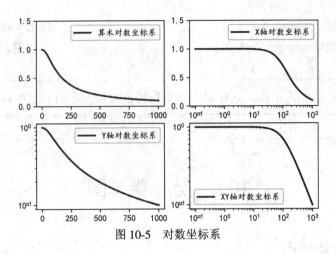

图 10-5　对数坐标系

10.6.2　极坐标图

极坐标系中的点由一个夹角和一段相对于中心点的距离表示。

创建极坐标图表可以通过 subplot()函数来完成,设置该函数的关键值参数 poplar=True 即可。使用 rgrids()函数设置同心圆栅格的半径大小和文字标注角度,使用 thetagrids()设置放射线栅格的角度。

下面的程序绘制极坐标图,结果如图 10-6 所示。

```
from matplotlib import pyplot as plt
import numpy as np
theta = np.arange(0,2*np.pi,0.02)
plt.subplot(121,polar=True)                #创建极坐标子图 1
plt.plot(theta,theta/6,linewidth=2.0)
plt.plot(3*theta,theta/3,"--",linewidth=2.0)
plt.subplot(122,polar=True)                #创建极坐标子图 2
plt.plot(theta,1.4*np.cos(5*theta),linewidth=2.0)
plt.plot(theta,1.8*np.cos(4*theta),"--",linewidth=2.0)
plt.rgrids(np.arange(0.5,2,0.5),angle=45)  #设置半径大小为 0.5、1.0 和 1.5,标注方向 45 度
plt.thetagrids([0,60])                     #设置两个子图的放射线角度分别为 0 度、60 度
```

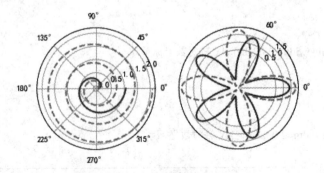

图 10-6　极坐标系

10.6.3 直方图

直方图可以直观地显示数据的分布情况,简单来说就是哪一块数据所占比例或者出现次数较高,哪一块数据出现概率低。直方图的横轴表示数据,纵轴表示数据出现的次数。

使用 hist()函数可以绘制直方图,它的第 1 个参数表示数据,不能省略,其他参数为关键字参数,其中 bins 表示直方图的柱子数,normed 表示是否归一化,alpha 表示透明度,histtype 设置直方图的类型,facecolor 设置颜色等。示例程序如下,运行结果如图 10-7 所示。

```
import numpy as np
from matplotlib import pyplot as plt
data1 = np.random.randn(100000)          #生成 100000 个符合标准正态分布的样本
data2 = np.random.rand(100000)           #生成 100000 个符合[0,1)均匀分布的样本
plt.hist(data1,100,alpha=0.7,normed=True)
plt.hist(data2,100,alpha=0.4,normed=True)
plt.grid(True, ls='--')                  #绘制网格
plt.legend(["Normal","Uniform"])         #设置图例
plt.show()
```

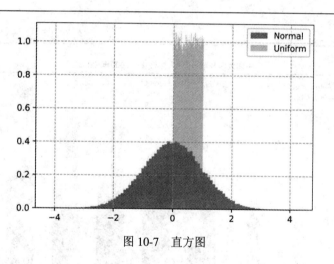

图 10-7 直方图

10.6.4 柱状图

柱状图用每根柱子的长度表示值的大小,主要用于查看各分组数据的数量分布,以及各个分组数据之间的数量比较。

使用 bar()函数可以绘制垂直柱状图,它的第 1 个参数为每根柱子左边缘的横坐标,第 2 个参数为每根柱子的高度,第 3 个参数指定所有柱子的宽度,默认是 0.8。

grid()函数用于绘制网格,通过对参数的个性化设置,可以绘制出个性化的网格。

示例程序如下,运行结果如图 10-8 所示。

```
from matplotlib import pyplot as plt
import numpy as np
```

```
data1 = [107,115,145,212,280,338,350,358,368]    #2000年到2008年中国大学毕业生人数
data2 = [190,260,310,380,410,500,510,580,600]    #2000年到2008年中国大学录取人数数据
years = np.arange(2000,2009,1)                    #创建数组
plt.rcParams["font.sans-serif"] = "SimHei"        #指定默认字体
plt.rcParams["axes.unicode_minus"] = False        #解决负号"-"显示为方块问题
plt.figure(figsize=(10,6))
plt.bar(years,data2,label="大学录取人数",color="b",width=0.3,alpha=0.3)      #alpha参数设置透明度
for x,y in zip(years,data2):
    plt.text(x,y,y,ha="center",va="bottom")                                   #添加文本注释
plt.bar(years+0.3,data1,label="大学毕业人数",color="g",width=0.3,alpha=0.6)  #bottom设置堆积柱状图
plt.grid(color="r",linestyle="--",linewidth=1,axis="y",alpha=0.4)             #绘制网格
for x,z in zip(years+0.3,data1):
    plt.text(x,z,z,ha="center",va="bottom")                                   #添加文本注释
plt.xlabel("年度")
plt.ylabel("大学录取/毕业人数(万)")
plt.title("中国大学录取/毕业人数数据(2000年-2008年)")
plt.legend()
plt.show()
```

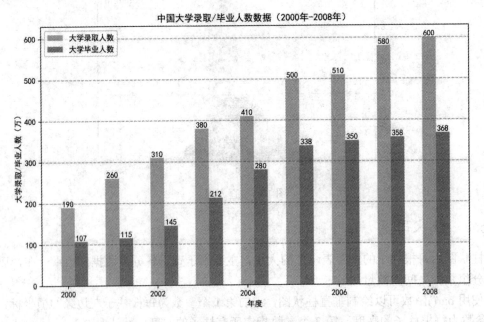

图10-8　2000—2008年中国大学生录取和毕业人数柱状图

还可以通过barh()函数绘制水平柱状图,示例代码如下:

```
plt.barh(years,data2,label="大学录取人数",color="b",height=0.5,alpha=0.3)   #alpha参数设置透明度
plt.barh(years,data1,label="大学毕业人数",color="g",alpha=0.6)
```

```
plt.grid(color="r",linestyle="--",linewidth=1,axis="x",alpha=0.4)        #绘制网格
```

运行结果如图 10-9 所示。

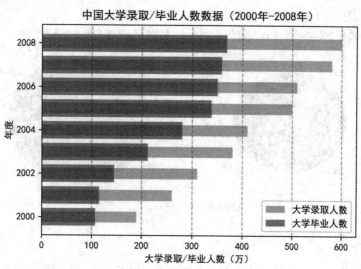

图 10-9　水平柱状图

10.6.5　饼状图

饼状图是将各项的大小与各项总和的比例显示在一张"饼"上，以"饼"的大小来确定每一项的占比。饼状图可以比较清楚地反映出部分与部分、部分与整体之间的比例关系，易于显示每组数据相对于总数的大小，而且显示方式比较直观。

pyplot 中绘制饼状图使用函数 pie()，示例代码如下：

```
from matplotlib import pyplot as plt
data1 = [107,115,145,212,280]
data2 = [338,350,358,368]
label1 = ["2000 年","2001 年","2002 年","2003 年","2004 年"]        #定义饼图的标签
label2 = ["2005 年","2006 年","2007 年","2008 年"]
explode1 = [0.01,0.01,0.01,0.01,0.03]                              #设定各项距离圆心 n 个半径
explode2 = [0.01,0.01,0.01,0.03]
fig = plt.figure(figsize=(8,3))
ax1 = fig.add_subplot(1,2,1)                                       #定义子图 1
plt.sca(ax1)                                                       #选择子图 1
#pie()中参数 startangel 设置开始角度，autopct 设置数值显示方式，radius 设置半径，默认为 1
plt.pie(data1,explode=explode1,labels=label1,autopct="%1.1f%%",startangle=45,radius=0.8)
plt.title("2000 年-2004 年大学毕业人数{0}万".format(sum(data1)))
ax2 = fig.add_subplot(1,2,2)                                       #定义子图 2
plt.sca(ax2)                                                       #选择子图 2
plt.pie(data2,explode=explode2,labels=label2,autopct="%1.1f%%",startangle=90)
```

plt.title("2005年-2008年大学毕业人数{0}万".format(sum(data2)))
plt.show()

运行结果如图 10-10 所示。

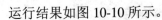

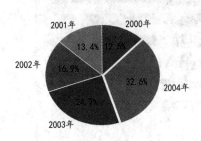
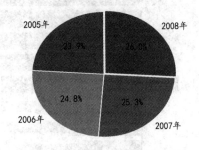

图 10-10　饼状图

10.6.6　散点图

散点图可以用来呈现数据点的分布，表现两个元素之间的相关性。scatter()函数可以用来绘制散点图，传入数据的 x 和 y 轴坐标即可。

示例代码如下：

```
x = np.random.random(50)              #产生 50 个 0 到 1 之间的随机数
y = x + np.random.random(50) / 8      #模拟 x 和 y 之间的相关性
plt.scatter(x,y,s = x*300,c='r',marker='*')   #参数 s 指定大小，c 设置颜色，marker 设置形状
plt.show()
```

运行结果如图 10-11 所示。

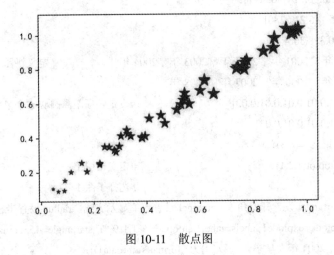

图 10-11　散点图

10.6.7　箱线图

在某些情况下，散点图表达值的分布信息有限，这时就需要一些其他的绘图图形，箱

线图就是一个不错的选择。

箱线图可以观察最小值、下四分位数、中位数、上四分位数和最大值，从它可以粗略地看出数据是否具有对称性、分布的分散程度等信息，还可以对几个样本进行比较。

pyplot 中绘制箱线图的函数是 boxplot()，示例代码如下：

```
data1 = [107,115,145,212,280,338,350,358,368]
data2 = [900,260,310,380,410,500,510,580,600]
label = ["毕业人数","录取人数"]
plt.figure()
''' boxplot()函数中参数 notch 设置中间箱体是否有缺口，labels 指定箱线图的标签，
    meanline 表示是否显示均值线 '''
plt.boxplot((data1,data2),notch=True,labels=label,meanline=True)
plt.grid(color="r",linestyle="--",linewidth=1,axis="y",alpha=0.4)          #绘制网格
plt.xlabel("类型")
plt.ylabel("人数(万)")
plt.show()
```

运行结果如图 10-12 所示，可以看出某一年录取人数是异常值 900。

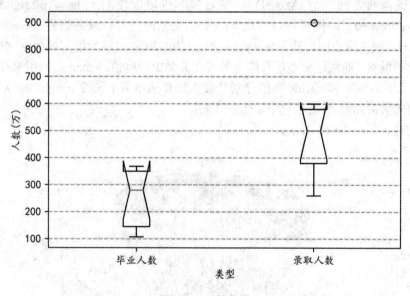

图 10-12　箱线图

10.6.8　三维绘图

mpl_toolkits.mplot3d 模块在 Matplotlib 基础上提供了三维绘图的功能。由于是使用 Matplotlib 的二维绘图功能来实现三维图形的绘制工作，因此它的绘图速度有限，不适合用于大规模的三维绘图。如果读者需要更加复杂的三维数据可视化功能，可以使用 Mayavi。

下面是绘制三维曲面的程序：

```
from matplotlib import pyplot as plt
```

```python
import numpy as np
import mpl_toolkits.mplot3d                              #载入三维绘图功能模块 mplot3d
rho, theta = np.mgrid[0:1:20j, 0:4:20j]
z = rho ** 2                                             #计算高度 z
x = rho * np.cos(theta)                                  #计算 x、y
y = rho * np.sin(theta)
ax = plt.subplot(111, projection='3d')
ax.plot_surface(x,y,z,rstride=1,cstride=1,cmap="rainbow")
ax.set_xlabel("X")                                       #设置 X 轴标签
ax.set_xticks(np.arange(-1,+1.5,0.5))                    #设置 X 轴刻度
ax.set_ylabel("Y")
ax.set_yticks(np.arange(-1,+1.5,0.5))
ax.set_zlabel("Z")
plt.show()
```

首先使用 mgrid()创建网格,本例中 rho 和 theta 都是(20,20)的二维数组,rho 取值[0,1], theta 取值[0,4]。然后使用 subplot()来创建子图,通过 projcction 参数指定子图的投影模式为"3d",该函数返回一个 Axes3D 子图对象。也可以使用"fig = plt.figure(); ax = fig.gca(projection='3d')",同样可以完成 subplot()函数的功能。最后调用 Axes3D 对象的 plot_surface()绘制三维曲面,其中 z、y、x 都是(20,20)的二维数组,数组 x 和 y 构成了 X-Y 平面上的网格,而数组 z 则是网格上各点在曲面上的取值。cmap 参数用来指定值和颜色之间的映射。rstride 和 cstride 参数分别是数组第 0 轴和第 1 轴的下标间隔。对于很大的数组,使用较大的间隔可以提高曲面的绘制速度。

程序的输出如图 10-13 所示。

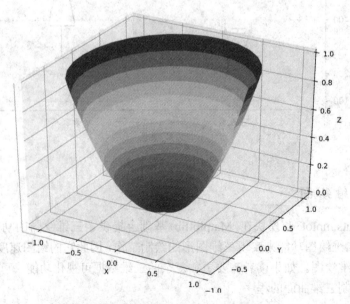

图 10-13　使用 mplot3d 绘制三维图形

10.7　Seaborn 可视化

Seaborn(statistical data visualization)在 Matplotlib 的基础上进行了更高级的 API 封装，是一个带定制主题和高级界面控制的 Matplotlib 扩展包，它使绘图更加容易、更加美观。大多数情况下，使用 Seaborn 就能做出具有相当吸引力的图，而使用 Matplotlib 能够制作具有特色的图。应该把 Seaborn 视为 Matplotplib 的补充，而不是替代物，Seaborn 针对统计绘图较为方便。Seaborn 扩展库的具体使用方法可以参考 http://seaborn.pydata.org/网站上的文档。

Seaborn 提供了很多自带的数据集，比如本节使用的小费数据集 tips，其中 total_bill 是消费总金额，tip 是小费，sex 是顾客性别，smoker 是顾客是否吸烟，day 是消费的星期，time 为聚餐时间，size 为聚餐人数。

在接下来的 Seaborn 可视化中，使用了 tips 数据集，使用前需将其读入 DataFrame 中，代码如下：

```
import seaborn as sns
tips = sns.load_dataset("tips")
tips.head()
```

执行结果如图 10-14 所示。

	total_bill	tip	sex	smoker	day	time	size
0	16.99	1.01	Female	No	Sun	Dinner	2
1	10.34	1.66	Male	No	Sun	Dinner	3
2	21.01	3.50	Male	No	Sun	Dinner	3
3	23.68	3.31	Male	No	Sun	Dinner	2
4	24.59	3.61	Female	No	Sun	Dinner	4

图 10-14　tips 数据集

查看 Seaborn 的自带数据集可以访问网址 https://github.com/mwaskom/seaborn-data。

10.7.1　Seaborn 样式

Seaborn 预先设计好了 5 种主题样式：darkgrid、dark、whitegrid、white 和 ticks，默认使用 darkgrid 主题样式。

下面的代码通过 Matplotlib 库进行绘图，使用了 Searborn 库的 set()方法来设置主题、调色板等多个样式。

```
%matplotlib inline
import numpy as np
import matplotlib.pyplot as plt
import seaborn as sns                                              #导入 Seaborn 扩展库
sns.set(style="whitegrid",palette="muted",color_codes=True)
#set()中 style 参数设置主题，palette 参数设置调色板，color_codes 参数设置颜色代码
plt.plot(np.arange(10),marker="D")
plt.show()
```

运行结果如图 10-15 所示。

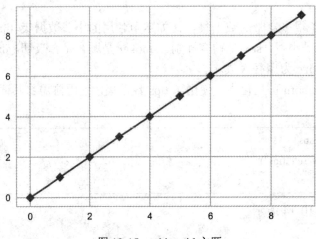

图 10-15　whitegrid 主题

Seaborn 中的 white 和 ticks 主题都存在上方和右方的边框。在 Matplotlib 中是无法去掉多余的顶部和右侧坐标轴边框的，而在 Seaborn 中却可以使用 despine()方法轻松去掉。

10.7.2　分类图

1. 散点图

通过 Seaborn 库的 stripplot()函数可以绘制散点图，当散点图中数据较多时，很多散点会被覆盖，可以通过加入抖动(jitter=True)来解决。如果要看清每个数据点，可以使用 swarmplot()函数，该函数的参数 x 和 y 表示列名，hue 参数表示分类依据，示例代码如下：

```
sns.set(style="ticks")
tips = sns.load_dataset("tips")                                    #使用 Seaborn 自带 tips 数据集
fig,axes = plt.subplots(1,2,figsize=(8,4))
sns.stripplot(x='day',y="total_bill",ax=axes[0],data=tips,hue="smoker")   #当数据点多时，出现覆盖情况
sns.swarmplot(x='day',y="total_bill",ax=axes[1],data=tips)         #避免出现覆盖情况
sns.despine()                                                      #去掉坐标轴
```

执行结果如图 10-16 所示。

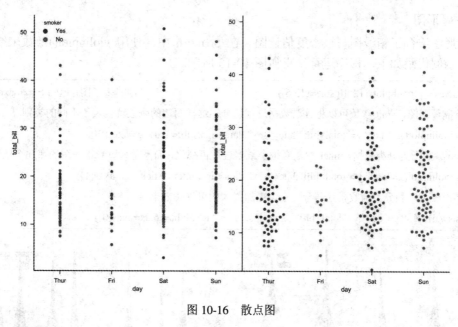

图 10-16 散点图

2. 箱线图

在 Seaborn 中使用 boxplot()函数来绘制箱线图。示例代码如下，程序运行结果如图 10-17 所示。

```
import matplotlib.pyplot as plt
import seaborn as sns
sns.set(style="ticks")
sns.boxplot(x="day",y="total_bill",hue="smoker",orient="v",palette="Set3",data=tips)
#参数 orient 设置朝向，取"v"时沿 y 轴方向绘图，取"h"时沿 x 轴方向绘图
#x、y 参数表示要绘制的列，hue 参数表示分类变量
sns.despine()
plt.savefig(r"d:\test.png",dpi=1000,bbox_inches='tight',pad_inches=0)
```

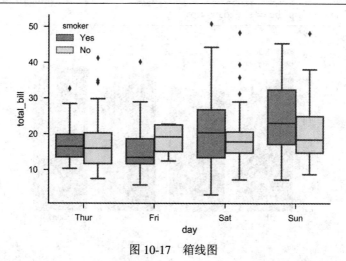

图 10-17 箱线图

3. 琴形图

琴形图结合了箱线图与核密度估计图。在 Seaborn 中，使用 violinplot()函数来绘制琴形图。示例代码如下，程序运行结果如图 10-18 所示。

```
fig,axes = plt.subplots(1,2,figsize=(13,6))                         #创建多子图，返回 fig 和 axes 对象
#绘制琴形图，split 参数可以将分类数据进行切分，这样两边的颜色就代表了不同的类别
sns.violinplot(x="day",y="total_bill",hue="sex",data=tips,split=True,ax=axes[0])
#hue 参数指定分类依据，inner 参数对每个数据进行可视化，而不是只查看箱线图的那几个统计数据
sns.violinplot(x="day",y="total_bill",hue="sex",data=tips,inner="stick",ax=axes[1])
#琴形图可以和分类函数相互结合，实现更加强大的可视化效果
sns.swarmplot(x="day",y="total_bill",data=tips,color="R",alpha=.6,ax=axes[0])
```

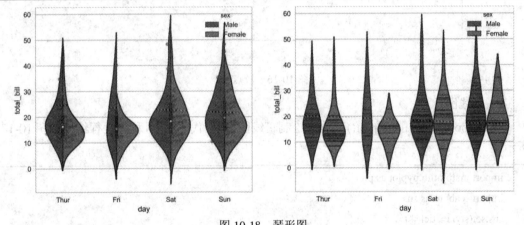

图 10-18　琴形图

4. 柱状图

Seaborn 中使用 barplot()函数来绘制柱状图，默认情况下使用该函数绘制的 y 轴是变量分布的平均值，并且在每个柱状条上绘制误差线。示例代码如下，程序运行结果如图 10-19 所示。

```
sns.barplot(x="day",y="tip",hue="sex",data=tips)
```

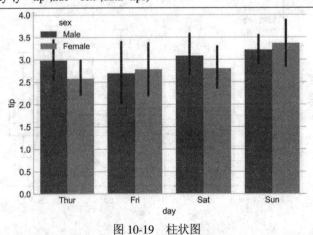

图 10-19　柱状图

5. 计数图

柱状图中，常常绘制类别的计数柱状图。在 Seaborn 中，使用 countplot()函数就可以完成。示例代码如下，程序运行结果如图 10-20 所示。

```
sns.countplot(x="day",data=tips,palette="Set2")
```

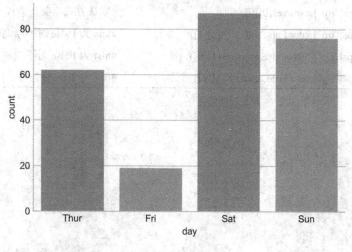

图 10-20　计数图

6. 分组关系图

Seaborn 中，使用 factorplot()函数完成分组统计功能。示例代码如下，程序运行结果如图 10-21 所示。

```
sns.factorplot(x="size",col="sex",data=tips,col_wrap=2,kind="count",size=4,aspect=.9)
```

参数 col 指定分组依据，参数 col_wrap 指定每行最多平铺数，kind 指定绘图类型，size 参数指定每个面的高度，aspect 参数指定纵横比，每个面的宽度由 size × aspect 共同确定。

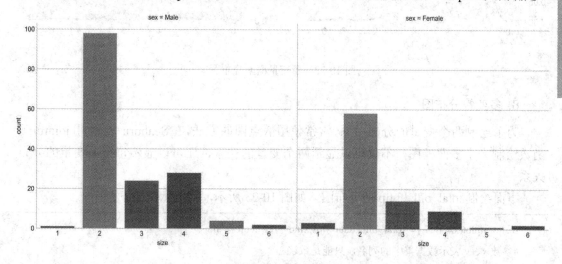

图 10-21　分组关系图

7. 单变量分布图

单变量分布图的绘制使用 Seaborn 中的 distplot()函数，默认情况下绘制一个直方图，并嵌套一个与之对应的密度图。示例代码如下，程序运行结果如图 10-22 所示。

```
fig,axes = plt.subplots(2,2,figsize=(10,6))          #多子图方式绘图
sns.distplot(tips["tip"],ax=axes[0][0])              #默认方式绘制一个直方图和密度图
sns.distplot(tips["tip"],kde=False,ax=axes[0][1])    #kde 为 False 时不绘制密度图
sns.distplot(tips["tip"],hist=False,ax=axes[1][0])   #hist 为 False 时不绘制直方图
sns.distplot(tips["tip"],rug=True,ax=axes[1][1])     #rug 为 True 时为每个样本点添加小细线
```

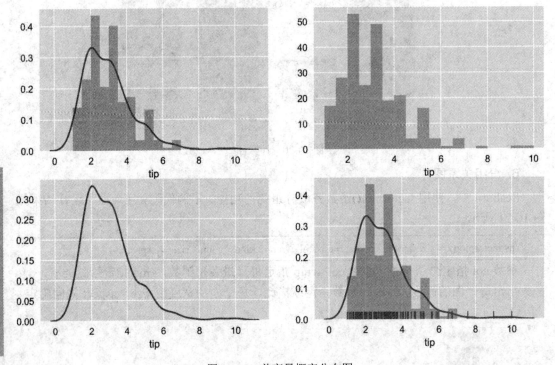

图 10-22　单变量概率分布图

8. 多变量分布图

为了绘制两个变量的分布关系，常常使用散点图的方法。在 Seaborn 中，使用 jointplot() 函数绘制一个多面板图，不仅可以显示两个变量的关系，还可以显示每个单变量的分布关系。

下面绘制 total_bill 和 tip 的分布图，如图 10-23 所示，代码示例如下：

```
sns.jointplot(x="tip",y="total_bill",data=tips,kind="reg",color="b")
#参数 x、y 表示数据集中的列名，只能是数字
#参数 data 表示数据集，参数 kind 表示分类图的类型
```

#kind 取 kde 表示密度图，kind 取 reg 表示回归图，kind 默认取 scatter 表示散点图

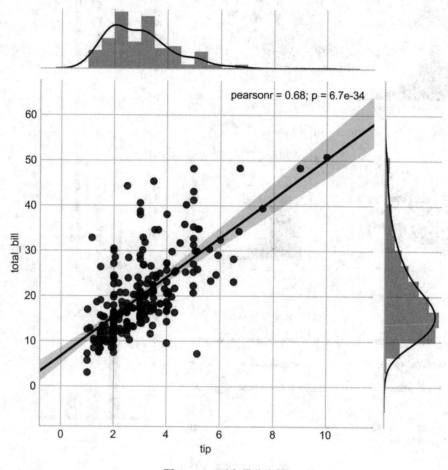

图 10-23 两变量分布图

图中 pearsonr 表示皮尔森相关系数，它是刻画两个变量线性相关程度的统计量。图中两个变量的关系使用回归图来描绘，单个变量使用直方图和密度图来共同描述。

在数据集中，如果要体现多个变量的分布情况，就需要成对的二元分布图。

在 Seaborn 中，可以使用 pairplot()函数来完成二元分布图，该函数会创建一个轴矩阵，用以显示每两列的关系，在主对角线上为单变量的分布情况。

pairplot()只对数值型的列有效，其中参数 diag_kind 表示对角线子图的类型，可以取 hist 和 kde，分别表示直方图和密度图，默认对角线为直方图；参数 hue 指定分类变量；参数 kind 指定非对角线子图类型，默认为散点图，取 reg 时为回归图，取 scatter 时为散点图。

图 10-24 所示为绘制的 tips 数据集的多变量分布情况图，代码如下：

sns.pairplot(tips, diag_kind="hist",hue="sex",markers=["x","o"])

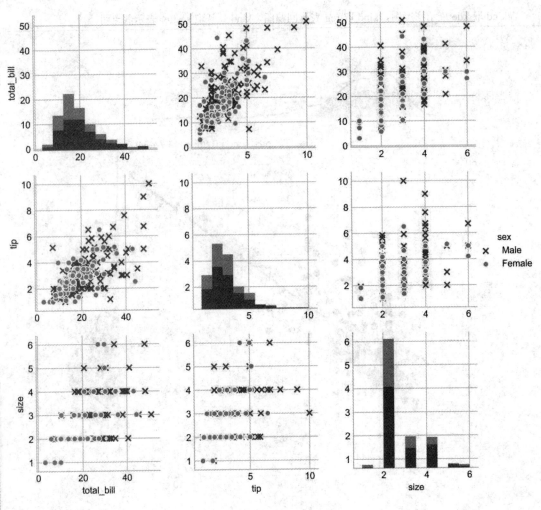

图 10-24 多变量分布图

9. 热力图

利用热力图可以查看数据集中多个特征之间两两相关性的强弱。Seaborn 中 heatmap() 函数提供了热力图的绘制功能。图 10-25 描述了 tips 数据集中两个列之间的相似度。代码如下：

```
ssns.set(font='SimHei')                                                    #设置中文字体
sns.heatmap(tips.corr(), xticklabels=True, yticklabels=True,cmap='rainbow',annot=True, square=True)
#tips.corr()计算 tips 数据集中每两列之间的相关性，xticklabels 参数为 True 时，绘制列名
#annot 参数决定是否在网格中写入数字，square 参数设置网格是否为正方形
#cmap 参数是 colormap 对象名或者颜色名称，fnt 参数指定网格中数据的显示格式
plt.title("热力图")
```

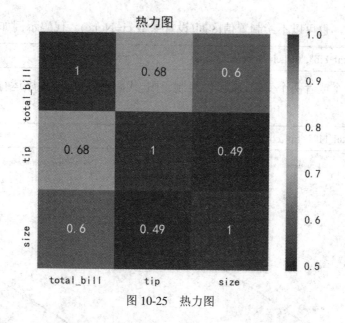

图 10-25 热力图

10. 回归图

利用 Seaborn 扩展库提供的功能可以绘制回归图,用来揭示两个变量之间的线性关系。

在 Seaborn 中,虽然使用 jointplot() 函数就可以显示两个变量的联合分布情况,但是使用统计模型来估算两个变量之间的关系是非常有必要的。

Seaborn 中使用 regplot() 和 lmplot() 函数来绘制回归图,它们绘制的图表是一样的,但是两者传入的参数略有不同。代码示例如下,程序运行结果如图 10-26 所示。

```
sns.lmplot("total_bill","tip",hue="smoker",markers=["x","o"],data=tips)
#使用 hue 参数可以加入一个分类变量,通过不同颜色来表示
```

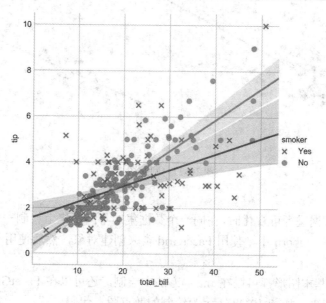

图 10-26 回归图 1

在回归图中，也可以不绘制置信区间(设置参数 ci=None)。代码示例如下：

sns.lmplot("total_bill","tip",ci=None,data=tips)

如果添加一个或者两个变量，就可以绘制子图。代码示例如下，程序运行结果如图 10-27 所示。

sns.lmplot("total_bill","tip",col="sex",row="time",data=tips)

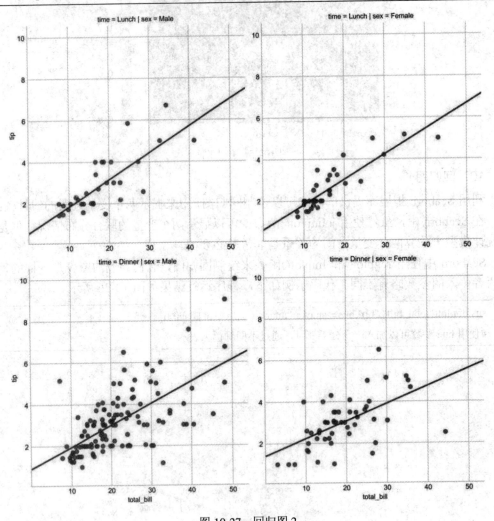

图 10-27　回归图 2

11．网格

在对多维度数据进行可视化时，在同一个数据集的不同子集上绘制一个图的多个实例，称为网格技术。在 Seaborn 中，使用 FacetGrid 类来创建对象，然后使用 map() 方法就可以绘制多个实例图了。

Matplotlib 的基本图形都可以在 map() 方法中绘制，还可以在 FacetGrid 中添加多个变量用于绘制多个图表。如图 10-28 所示为绘制的散点图，代码如下：

```
#创建 FacetGrid 对象，添加分类列 time 和 smoker
g = sns.FacetGrid(tips, col="time", row="smoker")
g.map(plt.scatter, "total_bill","tip",color="b")        #调用 map 方法绘制实例图，只能针对数值列
```

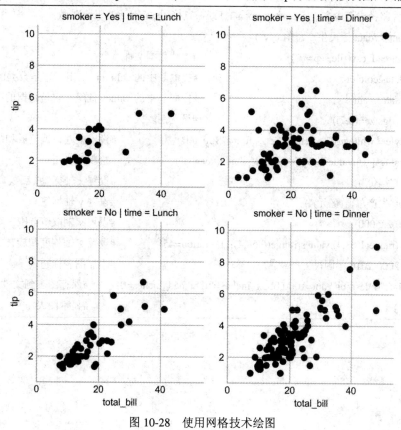

图 10-28　使用网格技术绘图

10.8　案例实战

1. 数据来源

本案例使用 2000—2016 年各季度的国民生产总值数据集，该数据集共有 68 行 5 列，其中主要字段有：序号、时间、国内生产总值_当季值(亿元)、第一产业增加值_当季值(亿元)、第二产业增加值_当季值(亿元)、第三产业增加值_当季值(亿元)。

2. 数据探索

1) 按季度查看生产总值变化趋势

由于折线图是一种将数据点按照先后顺序连接起来的图形，适合于显示因变量 y 随着自变量 x 变化的趋势，同时还可以看出数量的差异。因此，使用折线图来查看生产总值的变化。

下面的程序代码按要求实现了折线图的绘制，程序运行结果如图 10-29 所示。

```python
import pandas as pd
from matplotlib import pyplot as plt
import seaborn as sns
#如果文件路径中有中文，需要使用open()打开，直接用pandans打开会失败
file = open(r"./data/国民生产总值.csv")
datas = pd.read_csv(file,sep=",")              #加载数据文件
name = datas.columns                           #提取其中的columns数组，它是数据的标签
values = datas.values                          #提取其中的values数组，它是数据的存在位置
plt.figure(figsize=(8,7))                      #设置图表大小
sns.set(style="whitegrid",palette="Set2",font="SimHei")   #设置主题、调色板和中文字体
plt.plot(values[:,0],values[:,2],linestyle="--",marker="o")  #绘制折线图
plt.xlabel("年份")                             #设置x轴标签
plt.ylabel("生产总值(亿元)")                    #设置y轴标签
plt.ylim(0,225000)                             #设置y轴取值范围
plt.xticks(range(1,68,4),values[range(0,68,4),1],rotation=45)  #设置x轴刻度和旋转方向
plt.title("2000-2016年国民生产总值")            #添加图表标题
plt.savefig(r"d:\test.jpg",dpi=1000,bbox_inches='tight',pad_inches=0)  #保存图表到文件中
plt.show()                                     #显示图表
```

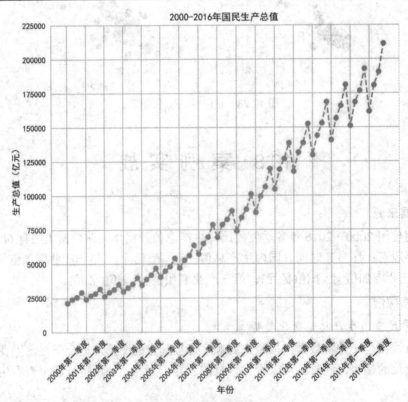

图 10-29　季度和生产总值的折线图

可以看出每年第一季度的生产总值都在增长，2000—2005 年增长较为缓慢，从 2006 年开始快速增长。

2）按产业查看生产总值关联趋势

散点图的分布形态可以反映特征之间的关联趋势是线性的还是非线性的，还可以查看离群点。

下面的程序代码按要求实现了散点图的绘制，结果如图 10-30 所示。

```
plt.figure(figsize=(10,7))
sns.set(style="white",font="SimHei")
#绘制散点图，通过点的颜色、形状来区分第一产业、第二产业和第三产业的生产总值
plt.scatter(values[:,0],values[:,3],color="r",marker="o")
plt.scatter(values[:,0],values[:,4],color="b",marker="D")
plt.scatter(values[:,0],values[:,5],color="g",marker="v")
plt.xticks(range(1,68,4),values[range(0,68,4),1],rotation=45)
plt.xlabel("年份")
plt.ylabel("生产总值（亿元）")
plt.title("2000-2016年各产业季度国民生产总值")
plt.legend(["第一产业","第二产业","第三产业"])
plt.show()
```

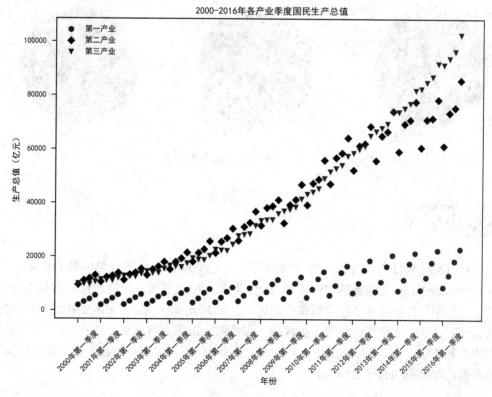

图 10-30　三种产业的生产总值散点图

通过图形可以看出，第一产业增长平缓，第三产业呈现指数型增长，第二产业呈现周期性波动。总体上看，第二和第三产业增长幅度非常大。

3) 探索三种产业在每年国民生产总值中占比的变化趋势

饼图可以清楚地反映出部分与总体之间的比例关系，而且显示方式也很直观。

下面的程序代码按要求实现了饼图的绘制，结果如图 10-31 所示。

```
label = ["第一产业","第二产业","第三产业"]
fig = plt.figure(figsize=(12,3))
ax1 = fig.add_subplot(131)                              #添加子图
plt.pie(values[-9,3:6],labels=label,autopct="%1.1f")    #绘制饼图
plt.title("2014 年第四季度各产业国内生产总值占比")
ax2 = fig.add_subplot(132)
plt.pie(values[-5,3:6],labels=label,autopct="%1.1f")
plt.title("2015 年第四季度各产业国内生产总值占比")
ax3 = fig.add_subplot(133)
plt.pie(values[-1,3:6],labels=label,autopct="%1.1f")
plt.title("2016 年第四季度各产业国内生产总值占比")
plt.show()
```

图 10-31　产业生产总值占比饼图

本章小结

数据可视化可以方便有效地传达与沟通信息，Python 提供了众多的数据可视化工具包。其中 Matplotlib 是经典的二维图形绘制工具包，借助它可以绘制日常中常见的图表，但是它在主题、数据简单分析方面有一定欠缺。Seaborn 作为 Matplotlib 的扩展包，正好弥补这方面的缺陷。本章详细介绍了折线图、箱线图、饼图、散点图、柱状图、琴形图、回归图的绘制方法，使用时可以根据每种图表的特点合理选用，通过图表分析数据潜在关联，发现数据后面隐藏的有价值信息。

课后习题

1. 以下关于绘图标准流程的说法，错误的是(　　)。
   A．绘制最简单的图形可以不用创建画布
   B．添加图例可以在绘制图形之前
   C．添加 x 轴、y 轴的标签可以在绘制图形之间
   D．修改 x 轴标签、y 轴标签和绘制图形没有先后顺序
2. 下列参数中，调整后显示中文的是(　　)。
   A．lines.linestyle　　　　　　B．lines.linewidth
   C．font.sans-serif　　　　　　D．axes.unicode_minus
3. 下列代码中，绘制散点图的是(　　)。
   A．plt.scatter(x,y)　　　　　　B．plt.plot(x,y)
   C．plt.legend("upper left")　　D．plt.xlabel("散点图")
4. 下列字符串中，表示 plot 线条颜色、点的形状和类型为红色五角星短虚线的是(　　)。
   A．"bs-"　　　B．"go-"　　　C．"r+-"　　　D．"r*:"
5. 下列说法中，正确的是(　　)。
   A．散点图不能在子图中绘制
   B．散点图的 X 轴刻度必须为数值
   C．折线图可以用来查看特征间的趋势关系
   D．箱线图可以用来查看特征间的相关关系
6. Seaborn 中 iris 数据集是常用的分类实验数据集，也称为鸢尾花卉数据集，是一类多重变量分析的数据集。数据集包含 150 个数据，分为 3 类，每类 50 个数据，每个数据包含 4 个属性。可通过花萼长度，花萼宽度，花瓣长度，花瓣宽度 4 个属性预测鸢尾花卉属于三个种类(Setosa，Versicolour，Virginica)中的哪一类，其中 Setosa 是山鸢尾，Versicolour 是杂色鸢尾，Virginica 是维吉尼亚鸢尾。

(1) 读取鸢尾花卉数据集，按照类别绘制"花瓣宽度"和"花瓣宽度"，以及"花萼长度"与"花萼宽度"特征之间的散点图。

(2) 绘制"花瓣宽度"和"花瓣宽度"特征的回归图，查看两个特征之间是否存在线性相关。

第 11 章　Numpy 基础与实战

Numpy 是用于数值运算的一个开源 Python 扩展库，是科学计算的基础，它为 Python 提供了高性能数组与矩阵运算。相比于 Python 内置数据结构，Numpy 提供了一个高效的存储和处理数据的方式，包括数组的存取和处理、线性代数、统计函数、标准的数学函数等工具。理解 Numpy 数组及数组计算有助于高效地使用诸如 Pandas 等数据处理工具。本章主要讲解多维数组的创建及基本属性、数组的切片和索引方法、数组的运算与存取等内容。

11.1　多维数组对象 ndarray

Numpy 提供了两种基本对象：
- ndarray：英文全称为 n-dimensional array object，称为多维数组，后面简称数组。
- ufunc：英文全称为 universal function object，它是一种能够对数组进行处理的特殊函数。

本书所使用的 Numpy 版本是 1.13.3(查看 numpy.__version__的值)，使用 Numpy 前需要将其导入。

Numpy 库的核心对象是 n 维数组对象 ndarray，Python 中所有的函数都是围绕 ndarray 对象进行的。ndarray 数组能够对整块数据进行数学运算。通常来说，ndarray 是存储单一数据的容器，要求其中的所有元素都是相同类型。和列表不同，ndarray 能直接保存数据，而列表存储的是对象引用。

11.1.1　创建 ndarray 对象

1. 数组的属性

数组的基本属性如表 11-1 所示。

表 11-1 ▶ 数组的基本属性

属性	含义
ndim	数组的维度
shape	数组的维度大小，返回元组。对于 n 行 m 列的数组，维度大小为(n,m)
size	数组中元素的总数，等于行数乘以列数
dtype	数组的元素类型
itemsize	数组中每个元素的大小(以字节为单位)
data	生成指向数组首地址的一个 memoryview 对象

2. 数组的创建

创建数组最简单的方法就是使用 Numpy 提供的 array()函数,通过给 array()函数传递序列对象来创建数组,如果传递的是多层嵌套的序列,则创建多维数组。在创建数组时,Numpy 会为新建的数组推断出一个合适的数据类型,并保存在 dtype 属性中。示例如下:

In[1]:	import numpy as np
	data1 = [1,2,3,4.]
	arr1 = np.array(data1)　　　　　　　　　　　　　　　#创建向量
	arr1
Out[1]:	array([1.,　 2.,　 3.,　 4.])
In[2]:	data2 = [[1,2,3],[4,5,6]]
	arr2 = np.array(data2)
	arr2
Out[2]:	array([[1, 2, 3],
	[4, 5, 6]])
In[3]:	arr2.ndim
Out[3]:	2
In[4]:	arr2.shape
Out[4]:	(2,3)
In[5]:	arr2.size
Out[5]:	6
In[6]:	arr2.dtype
Out[6]:	dtype('int32')

可以在创建数组时通过 dtype 参数指定元素类型;还可以通过 astype()方法转换元素类型,这时会创建一个新的数组。示例如下:

In[7]:	arr4 = np.array([1,2,3],dtype = np.float64)
	arr4.dtype
Out[7]:	dtype('float64')
In[8]:	arr4.astype(np.str_)　　　　　　　#转换元素的类型为 Unicode
Out[8]:	array(['1.0', '2.0', '3.0'],
	dtype='<U32')　　　　　　　# "<"表示字节顺序,意味着低位组在最前面

11.1.2 变换数组的形状

在对数组进行操作时,经常要改变数组的形状。可以通过修改数组的 shape 属性,在保持数组元素个数不变的情况下,改变数组每个轴的长度。下面的例子将数组 arr2 的 shape 属性改为(3,2)。注意,从(2,3)改为(3,2)并不是对数组进行转置,而只是改变每个轴的大小,数组元素在内存中的位置并没有改变。示例如下:

In[9]:	arr2.shape = (3,2)
	arr2
Out[9]:	array([[1, 2],
	[3, 4],
	[5, 6]])

当设置某个轴的元素个数为-1时，将自动计算此轴的长度。示例如下：

In[10]:	arr2.shape = (1,-1)
	arr2
Out[10]:	array([[1, 2, 3, 4, 5, 6]])

使用数组的 reshape()方法，可以创建指定形状的新数组，而原数组的形状保持不变。新旧数组共享数据存储空间，修改其中任意一个数组的元素都会同时修改另一个数组的对应内容。

另外一个改变数组形状的方法是 resize()，该函数会改变原数组的形状，返回值是 NoneType。示例如下：

In[11]:	arr3 = arr2.reshape(2,3)
	arr3[0,0] = 10
	arr2
Out[11]:	array([10, 2, 3, 4, 5, 6])
In[12]:	arr2.resize(3,2)
	arr2
Out[12]:	array([[10, 2],
	[3, 4],
	[5, 6]])

ndarray 对象提供了 ravel()方法来将数组横向展平、flatten()方法来将数组纵向展平。这两个方法都不影响原始数组。示例如下：

In[13]:	arr4 = arr2.ravel()
	arr4
Out[13]:	array([10, 2, 3, 4, 5, 6])
In[14]:	arr5 = arr2.flatten()
	arr5.shape
Out[14]:	(6,)

11.1.3 数组的组合和分割

除了可以改变数组的形状外，Numpy 也可以对数组进行组合。组合主要有横向与纵向组合。可以使用 hstack()、vstack()以及 concatenate()来完成数组的组合。

横向组合是将 ndarray 对象构成的元组作为参数，传给 hstack()函数。

纵向组合同样是将 ndarray 对象构成的元组作为参数，传给 vstack()函数。

concatenate()函数也可以实现数组的横向组合和纵向组合，其中参数 axis = 1 时按照横向组合，axis = 0 时按照纵向组合。

数组的组合示例如下：

In[15]:	a = np.array(([1],[2],[3]))
	b = np.array([[4],[5],[6]])
	np.hstack((a,b))
Out[15]:	array([[1, 4],
	[2, 5],
	[3, 6]])
In[16]:	np.vstack((a,b))
Out[16]:	array([[1],
	[2],
	[3],
	[4],
	[5],
	[6]])

除了可以对数组进行横向和纵向组合，还可以对数组进行分割。Numpy 提供了 hsplit()、vsplit()、dsplit()和 split()函数，可以将数据分割成相同大小的子数组，还可以指定原数组中需要分割的位置。

hsplit()按照横向分割数组，vsplit()按照纵向分割数据，split()可以指定分割轴向，dsplit()要求数组的维度大于或等于 3。

数组的分割示例如下：

In[17]:	a = np.arange(16).reshape(4,4)
	np.hsplit(a,2)
Out[17]:	[array([[0, 1],
	[4, 5],
	[8, 9],
	[12, 13]]), array([[2, 3],
	[6, 7],
	[10, 11],
	[14, 15]])]
In[18]:	np.split(a,[2,3],axis = 0)　　　　　　#按照纵向分割，分隔位置第 3 行、第 4 行
Out[18]:	[array([[0, 1, 2, 3],
	[4, 5, 6, 7]]), array([[8, 9, 10, 11]]), array([[12, 13, 14, 15]])]
In[19]:	x = np.arange(16).reshape(2, 2, 4)

```
            np.dsplit(x,[2,3])       #沿着第3轴(深度)的第2和第3位置将数组拆分成多个子数组
Out[19]:    [array([[[  0.,    1.],
                    [  4.,    5.]],
                   [[  8.,    9.],
                    [ 12.,   13.]]]), array([[[  2.],
                    [  6.]],
                   [[ 10.],
                    [ 14.]]]), array([[[  3.],
                    [  7.]],
                   [[ 11.],
                    [ 15.]]])]
```

11.1.4 自动生成数组

前面的例子都是先创建一个Python的序列对象,然后通过array()函数将其转换为数组,这样做效率不高。因此Numpy提供了很多专门用于创建数组的函数。

arange()类似于内置函数range(),通过指定开始值、终值和步长来创建表示等差数列的一维数组(向量),注意所得到的结果中不包含终值。示例如下:

```
In[20]:     np.arange(10)
Out[20]:    array([0, 1, 2, 3, 4, 5, 6, 7, 8, 9])
In[21]:     np.arange(1,13,2)
Out[21]:    array([ 1,  3,  5,  7,  9, 11])
```

linspace()通过指定开始值、终值和元素个数来创建表示等差数列的一维数组,可以通过endpoint参数指定是否包含终值,默认值为True,即包含终值。示例如下:

```
In[22]:     np.linspace(1,10,10)
Out[22]:    array([  1.,   2.,   3.,   4.,   5.,   6.,   7.,   8.,   9.,  10.])
In[23]:     np.linspace(1,10,10,endpoint = False)
Out[23]:    array([ 1. ,  1.9,  2.8,  3.7,  4.6,  5.5,  6.4,  7.3,  8.2,  9.1])
```

logspace()和linspace()类似,通过指定开始指数、结束指数和元素个数来创建表示等比数列的一维数组,可以通过指定base参数来确定底数,默认为10,还可以通过endpoint参数确定是否包括结束指数,默认为True,表示包含。示例如下:

```
In[24]     np.logspace(0,3,4)
Out[24]:   array([    1.,    10.,   100.,  1000.])
In[25]:    np.logspace(0,3,4,base = 2)
Out[25]:   array([ 1.,  2.,  4.,  8.])
```

zeros()、ones()、empty()可以创建指定形状和类型的数组。其中,empty()只分配数组所使用的内存,但是并不对数组元素进行初始化操作,因此它的运行速度是最快的;zeros()

将数组元素初始化为 0；ones()将数组元素初始化为 1。eye()用来生成主对角线上的元素为 1，其他元素为 0 的数组。diag()创建类似对角的数组，主对角线上的元素可以指定。

示例如下：

In[26]:	np.empty(5)
Out[26]:	array([2.17912194e-316, 2.37711102e-259, 5.49683746e+247, 6.01386434e-154, 1.27826731e-152])
In[27]:	np.diag([1,5,6])
Out[27]:	array([[1, 0, 0], 　　　　[0, 5, 0], 　　　　[0, 0, 6]])
In[28]:	np.ones(3)
Out[28]:	array([1., 1., 1.])

full()将数组元素初始化为指定的值。

In[29]:	np.full(6,"1")
Out[29]:	array(['1', '1', '1', '1', '1', '1'], 　　　　dtype='<U1')

此外，zeros_like()、ones_like()、empty_like()、full_like()等函数创建与参数数组具有相同形状和类型的数组。示例如下：

In[30]:	arr2 = np.array([[[1,2,3],[4,5,6]],[[7,8,9],[10,11,12]]])　　#创建一个 3 维数组 arr2
Out[30]:	array([[[1, 2, 3], 　　　　　[4, 5, 6]], 　　　　[[7, 8, 9], 　　　　　[10, 11, 12]]])
In[31]:	np.zeros_like(arr2)
Out[31]:	array([[[0, 0, 0], 　　　　　[0, 0, 0]], 　　　　[[0, 0, 0], 　　　　　[0, 0, 0]]])

11.1.5　随机数函数

Numpy 提供了强大的随机数生成功能。真正的随机数很难获得，实际中使用的都是伪随机数。大部分情况下，伪随机数就能满足要求。与随机数相关的函数都在 numpy.random 模块中，其中包含了多种可以生成服从某种概率分布的随机数生成函数。常用的函数如表 11-2 所示。

表 11-2▶ Numpy 提供的常见随机数生成函数

函 数	含 义
random()	生成[0,1)之间指定数目随机数组成的一维数组
rand()	生成服从均匀分布的样本值
randn()	生成服从正态分布的样本值
randint()	生成指定上下限范围的随机整数
seed()	确定随机数生成器的种子
permutation()	对一个序列进行随机排序，不改变原数组
shuffle()	对一个序列进行随机排序，改变原数组
binomial()	产生二项分布的随机数
normal()	产生正态(高斯)分布的随机数
beta()	产生 beta 分布的随机数
uniform()	产生均匀分布的样本值

通过 randint()函数生成整数随机数，代码如下：

```
In[32]:    np.random.randint(10,20,size = (5,4))
Out[32]:   array([[18, 17, 15, 11],
                  [18, 10, 10, 14],
                  [13, 15, 10, 18],
                  [12, 11, 17, 10],
                  [19, 12, 13, 16]])
```

通过 randn()函数生成服从正态分布的随机数，代码如下：

```
In[33]:    np.random.randn(2,3)
Out[33]:   array([[ 0.43414659,  0.27520128,  0.74471983],
                  [ 1.03593601, -0.62208805,  0.55647147]])
```

通过 rand()函数生成服从均匀分布的随机数，代码如下：

```
In[34]:    np.random.rand(2,3)
Out[34]:   array([[ 0.38424877,  0.4996032 ,  0.42655122],
                  [ 0.79413268,  0.40694025,  0.13059909]])
```

11.1.6 数组索引和切片

使用方括号"[]"来索引数组元素的值称为数组索引，从数组中选定某些元素来构成一个子数组的过程称为数组切片。数组切片的使用规则和列表的切片规则一样，两者主要区别是当数组是一个矩阵时，可能会有多个索引或切片。

1. 一维数组的索引和切片

一维数组的索引类似于 Python 中的列表，可以使用和列表相同的方式对数组的元素进行存取。示例如下：

In[35]:	arr4 = np.arange(1,10,1)
	arr4
Out[35]:	array([1, 2, 3, 4, 5, 6, 7, 8, 9])
In[36]:	arr4[-1]
Out[36]:	9

和列表不同的是，通过切片获取的新数组是原始数组的一个视图，它与原始数组共享同一块数据存储空间，这就意味着在视图上的操作都会使得原始数组发生改变。

示例如下：

In[37]:	arr4[0:2] = 10,11
	arr4
Out[37]:	array([10, 11, 3, 4, 5, 6, 7, 8, 9])
In[38]:	arr5 = arr4[2:4]
	arr5
Out[38]:	array([3, 4])
In[39]:	arr5[:] = 0
	arr5
Out[39]:	array([0, 0])
In[40]:	arr4
Out[40]:	array([10, 11, 0, 0, 5, 6, 7, 8, 9])

如果需要的并非视图而是要复制数据，可以使用数组的 copy()方法来实现，这时新旧两个数组不共享同一块数据存储空间，修改一个数组不会影响另一个数组。

2. 二维数组的索引与切片

对于二维数组，可以在单个或者 2 个轴向上完成切片，也可以和整数索引一起混合使用。

示例如下：

In[41]:	arr = np.arange(12).reshape(3,4)	
	arr	
Out[41]:	array([[0, 1, 2, 3],	
	[4, 5, 6, 7],	
	[8, 9, 10, 11]])	
In[42]:	arr[0]	
Out[42]:	array([0, 1, 2, 3])	
In[43]:	arr[0][3]	#x、y 轴索引
Out[43]:	3	
In[44]:	arr[2,3]	#花式索引
Out[44]:	11	

In[45]:	a = arr[0:2,1:4]
	a
Out[45]:	array([[1, 2, 3],
	[5, 6, 7]])

当使用整数列表对数组元素进行存取时,将使用列表中的每个元素作为下标,这种索引称为"花式索引"。

注意:使用列表作为下标得到的数组不和原始数组共享数据。示例如下:

In[46]:	arr = np.arange(15)
	arr
Out[46]:	array([0, 1, 2, 3, 4, 5, 6, 7, 8, 9, 10, 11, 12, 13, 14])
In[47]:	a = arr[[0,2,4,6,8,10,12]]　　　　#等价于 a = arr[0:13:2]
	a
Out[47]:	array([0, 2, 4, 6, 8, 10, 12])
In[48]:	arr = np.arange(32).reshape((8, 4))
	arr
Out[48]:	array([[0, 1, 2, 3],
	[4, 5, 6, 7],
	[8, 9, 10, 11],
	[12, 13, 14, 15],
	[16, 17, 18, 19],
	[20, 21, 22, 23],
	[24, 25, 26, 27],
	[28, 29, 30, 31]])
In[49]:	arr[[1, 5, 7, 2], [0, 3, 1, 2]]　　　#取1行0列、5行3列、7行1列和2行2列的元素
Out[49]:	array([4, 23, 29, 10])
In[50]:	arr[[1, 5, 7, 2]][:, [0, 3, 1, 2]]　　#取1、5、7、2行元素组成数组的0、3、1、2列的元素
Out[50]:	array([[4, 7, 5, 6],
	[20, 23, 21, 22],
	[28, 31, 29, 30],
	[8, 11, 9, 10]])

二维数组切片的使用如图11-1所示。

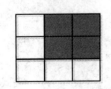

表达式	形状
arry[:2,1:]	(2,2)

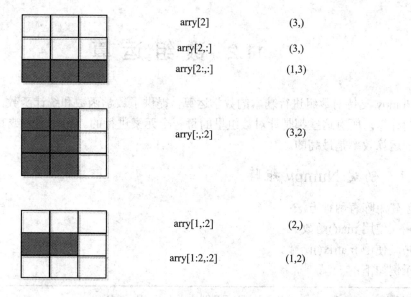

图 11-1 二维数组的切片

3. 多维数组的索引

多维数组的每一维度都有一个索引，各个维度的索引之间用逗号分开。示例如下：

In[51]:	arr = np.arange(24).reshape(4,2,3)
	arr
Out[51]:	array([[[0, 1, 2],
	[3, 4, 5]],
	[[6, 7, 8],
	[9, 10, 11]],
	[[12, 13, 14],
	[15, 16, 17]],
	[[18, 19, 20],
	[21, 22, 23]]])
In[52]:	arr[1,0,1] #取第 1 维中数组 1 的 0 行 1 列的元素
Out[52]:	7
In[53]:	arr[[**1,0**]] #取第 1 维中数组 1 和 0
Out[53]:	array([[[6, 7, 8],
	[9, 10, 11]],
	[[0, 1, 2],
	[3, 4, 5]]])
In[54]:	arr[[1,0]][1,1]
Out[54]:	array([3, 4, 5])
In[55]:	arr[[1,0]][1,1][1]
Out[55]:	4

11.2 数组运算

Numpy 支持对数组进行基本的数学运算，提供了数学函数和统计函数，支持进行线性代数的计算，所有这些都是针对数组里的每一个元素进行的。相比列表或其他数据结构，数组的运算效率是最高的。

11.2.1 创建 Numpy 矩阵

创建矩阵有两种方法：
➢ 使用 mat()函数。
➢ 使用 matrix()函数。
示例如下：

In[56]:	matr1 = np.mat("1,2,3;4,5,6;7,8,9",dtype = np.float64)
	matr1
Out[56]:	matrix([[1., 2., 3.],
	[4., 5., 6.],
	[7., 8., 9.]])
In[57]:	matr2 = np.matrix([[1,2,3],[4,5,6],[7,8,9]])
	matr2
Out[57]:	matrix([[1., 2., 3.],
	[4., 5., 6.],
	[7., 8., 9.]])

很多时候可以根据小的矩阵创建大的矩阵，这个功能在 Numpy 中由 bmat()函数来实现。示例如下：

In[58]:	arr1 = np.diag([1,2,3,4])　　　　　　　　　　　　#创建对角数组
	arr1
Out[58]:	array([[1, 0, 0, 0],
	[0, 2, 0, 0],
	[0, 0, 3, 0],
	[0, 0, 0, 4]])
In[59]:	arr2 = arr1 * 2
	arr2
Out[59]:	array([[2, 0, 0, 0],
	[0, 4, 0, 0],

```
In[60]:    matr = np.bmat("arr1 arr2;arr2 arr1")
           matr
Out[60]:   matrix([[1, 0, 0, 0, 2, 0, 0, 0],
                   [0, 2, 0, 0, 0, 4, 0, 0],
                   [0, 0, 3, 0, 0, 0, 6, 0],
                   [0, 0, 0, 4, 0, 0, 0, 8],
                   [2, 0, 0, 0, 1, 0, 0, 0],
                   [0, 4, 0, 0, 0, 2, 0, 0],
                   [0, 0, 6, 0, 0, 0, 3, 0],
                   [0, 0, 0, 8, 0, 0, 0, 4]])
```

11.2.2 矩阵运算

矩阵运算是针对整个矩阵中的每个元素进行的，和使用循环相比，在运算速度上更快。矩阵和矩阵之间可以进行+、-、*、/，其中*为矩阵的乘积，需要特别注意。如果需要对应元素相乘，可以使用 multiply()函数。

```
In[61]:    matr1 = np.mat("10,20,30;40,50,60;70,80,90")
           matr1
Out[61]:   matrix([[10, 20, 30],
                   [40, 50, 60],
                   [70, 80, 90]])
In[62]:    matr2 = matr1 * 2
           matr2
Out[62]:   matrix([[ 20,  40,  60],
                   [ 80, 100, 120],
                   [140, 160, 180]])
In[63]:    b = matr2 - matr1
           b
Out[63]:   matrix([[10, 20, 30],
                   [40, 50, 60],
                   [70, 80, 90]])
In[64]:    c = matr2 * matr1                                        #矩阵的乘积
           c
Out[64]:   matrix([[ 6000,  7200,  8400],
                   [13200, 16200, 19200],
                   [20400, 25200, 30000]])
In[65]:    d = matr2 / matr1
```

```
                d
Out[65]:    matrix([[ 2.,  2.,  2.],
                   [ 2.,  2.,  2.],
                   [ 2.,  2.,  2.]])
In[66]:     e = np.multiply(matr2,matr1)              #矩阵对应元素相乘
            e
Out[66]:    matrix([[  200,   800,  1800],
                   [ 3200,  5000,  7200],
                   [ 9800, 12800, 16200]])
```

除了能够实现算术运算外，矩阵还有一些特有的属性，如表 11-3 所示。

表 11-3 ▶ 矩阵特有的属性

属性	含 义
T	返回矩阵的转置
H	返回矩阵的共轭转置
I	返回逆矩阵
A	返回矩阵的视图

11.2.3 通用函数

通用函数(ufunc)是一种对数组中每个元素进行操作的函数，用法也很简单。如 np.sin(x) 就是一个 ufunc 函数，完成在其内部对数组 x 的每个元素进行循环，分别计算它们的正弦值。

通用函数支持全部的算术运算(+、-、*、/、**、%、//、**)，并且保留习惯的运算符，但是需要注意，操作的对象是数组的元素。数组间的四则运算表示对每个数组中的元素分别进行四则运算，所以进行四则运算的两个数组的形状必须一致。

通用函数也支持比较运算(>、>=、<、<=、==、!=、all、any)，返回结果是一个布尔数组，其每个元素对应比较的结果。

目前，Numpy 支持超过 60 种通用函数，这些函数涉及常见的数学运算，最好选择使用这些函数而不是选择循环，相比于循环，这些通用函数更为高效。

常用的数学函数如表 11-4 所示。

表 11-4 ▶ 常用的数学函数

函数	含义	函数	含义
np.pi	常数 π	np.sqrt()	计算各元素的算术平方根
np.e	常数 e	np.square()	计算各元素的平方根
np.fabs()	计算数组元素的浮点型绝对值	np.exp()	计算以 e 为底的指数
np.ceil()	对各元素向上取整	np.power()	计算各元素的指数
np.floor()	对各元素向下取整	np.log2()	计算以 2 为底各元素的对数
np.modf()	返回元素的小数和整数部分	np.log()	计算以 e 为底各元素的对数

示例如下:

In[67]:	a = np.arange(1,10,1).reshape(3,3)
	b = np.arange(10,19,1).reshape(3,3)
	b - a
Out[67]:	array([[9, 9, 9],
	[9, 9, 9],
	[9, 9, 9]])
In[68]:	b / a
Out[68]:	array([[10. , 5.5 , 4.],
	[3.25 , 2.8 , 2.5],
	[2.28571429, 2.125 , 2.]])
In[69]:	a[0] = 20
	a >= b
Out[69]:	array([[True, True, True],
	[False, False, False],
	[False, False, False]], dtype=bool)
In[70]:	(a >= b).all()
Out[70]:	False

11.2.4 统计函数

在统计分析和数据挖掘中,经常会使用到统计运算。常用的统计函数见表11-5。

表 11-5 ▶ 常用的统计函数

函数	含义	函数	含义
np.sum()	求和	np.unique()	找出数组中的唯一值并返回排序结果
np.mean()	算术平均值	np.tile()	把一个数组重复若干次
np.std()、np.var()	标准差和方差	np.repeat()	按照轴向重复一个数组若干次
np.min()、np.max()	最小值和最大值	np.cumprod()	所有元素的累计积
np.sort()	排序	np.argmin()、	最小值和最大值的索引
np.cumsum()	所有元素的累计和	np.argmax()	

Numpy库支持对整个数组或者按照指定轴向的数据进行统计计算,当axis参数为0时,表示沿着纵轴计算,当axis为1时,表示沿着横轴进行计算。示例如下:

In[71]:	arr = np.random.randint(1,10,(3,3))
	arr
Out[71]:	array([[4, 9, 3],
	[1, 9, 7],
	[1, 6, 1]])
In[72]:	arr.sort()
	arr

Out[72]:	array([[3, 4, 9],	
	[1, 7, 9],	
	[1, 1, 6]])	
In[73]:	arr.sort(0);arr	#指定按照纵轴排序
Out[73]:	array([[1, 1, 6],	
	[1, 4, 9],	
	[3, 7, 9]])	
In[74]:	np.unique(arr)	#返回数组中的唯一值
Out[74]:	array([1, 3, 4, 6, 7, 9])	
In[75]:	np.tile(arr,2)	#数组重复两次
Out[75]:	array([[1, 1, 6, 1, 1, 6],	
	[1, 4, 9, 1, 4, 9],	
	[3, 7, 9, 3, 7, 9]])	
In[76]:	np.std(arr)	#求矩阵标准差
Out[76]:	3.1308895119123048	

11.2.5 线性代数

前面讲过的数组运算是元素级的，如果要针对整个数组进行运算，需要通过 Numpy 库的 linalg 模块来完成。示例如下：

In[77]:	#导入线性代数模块 linalg 的 solve 方法，求解多元一次方程组	
	from numpy.linalg import solve,multi_dot	
	a = np.random.rand(10,10)	
	b = np.random.rand(10)	
	x = solve(a,b)	#计算 Ax=b 线性方程组的解
	x	
Out[77]:	array([0.60207792, 0.0729014 , 1.11460352, -1.19972118, 2.66574158,	
	-0.82203267, -3.7427451 , 5.27693609, -0.40676326, -3.34537154])	
In[78]:	a = np.arange(12).reshape(3,4)	
	b = np.arange(12).reshape(4,3)	
	c = np.arange(12).reshape(3,4)	
	multi_dot((a,b,c))	#数组 a，b，c 进行矩阵乘积
Out[78]:	array([[624, 768, 912, 1056],	
	[1808, 2216, 2624, 3032],	
	[2992, 3664, 4336, 5008]])	

11.3 数组的存取

Numpy 提供了一组可以进行数组存储和读取的函数，具体如下：

- save()函数将一个数组以二进制的格式保存,系统自动添加文件扩展名为".npy"。
- savez()将多个数组保存到一个二进制文件中,文件扩展名为".npz"。
- load()函数读取二进制文件,读取时不能省略扩展名。
- savetxt()函数将数组写到以某个分隔符隔开的文本文件中。
- loadtxt()把一个文本文件加载到一个二维数组中。

示例如下:

```
In[78]:    arr = np.arange(16).reshape(4,4)
           np.save("./data/save_arr",arr)
           datas = np.load("./data/save_arr.npy")
           datas
Out[78]:   array([[ 0,  1,  2,  3],
                  [ 4,  5,  6,  7],
                  [ 8,  9, 10, 11],
                  [12, 13, 14, 15]])
In[79]:    np.savetxt("./data/arr.csv",arr,fmt="%d",delimiter=":")
           f = open("./data/arr.csv","rt")
           f.readlines()
Out[79]:   ['0:1:2:3\n', '4:5:6:7\n', '8:9:10:11\n', '12:13:14:15\n']
In[80]:    datas = np.loadtxt("./data/arr.csv",delimiter=":")
           datas
Out[80]:   array([[  0.,   1.,   2.,   3.],
                  [  4.,   5.,   6.,   7.],
                  [  8.,   9.,  10.,  11.],
                  [ 12.,  13.,  14.,  15.]])
```

11.4 案例实战

1. 数据来源

本案例数据集来源于 Seaborn 库自带的数据集 iris。iris 也称鸢尾花卉数据集,它包含 150 个数据集,分为 3 类,每类 50 个数据,每个数据包含 4 个属性。可通过花萼长度、花萼宽度、花瓣长度、花瓣宽度 4 个属性预测鸢尾花卉属于三个种类(Setosa、Versicolour、Virginica)中的哪一类。

2. 研究问题

读取 iris 数据集中的花萼长度、花萼宽度、花瓣长度、花瓣宽度,并对花瓣长度进行统计分析,计算其均值、标准差、最大值、最小值、中位数等。

3. 数据探索

本例的代码如下:

In[81]:	import seaborn as sns				
	iris = sns.load_dataset("iris")			#从 github 上加载 iris 数据集	
	iris.head()			#查看数据集的前 5 行数据	
Out[81]:	sepal_length	sepal_width	petal_length	petal_width	species
0	5.1	3.5	1.4	0.2	setosa
1	4.9	3.0	1.4	0.2	setosa
2	4.7	3.2	1.3	0.2	setosa
3	4.6	3.1	1.5	0.2	setosa
4	5.0	3.6	1.4	0.2	setosa

```
In[82]:  import numpy as np
         #提取 iris 前四列数据，生成 csv 文件
         np.savetxt("./data/iris.csv",iris.values[:,:4],fmt="%3.1f,%3.1f,%3.1f,%3.1f",delimiter=",")
         datas = np.loadtxt("./data/iris.csv",delimiter=",")      #读取 csv 数据
         print("-"*10,"花瓣长度的统计量如下","-"*10)
         print("花瓣长度的均值为:",np.mean(datas[:,2:3]))
         print("花瓣长度的标准差为:",np.std(datas[:,2:3]))
         print("花瓣长度的中位数为:",np.median(datas[:,2:3]))
         print("花瓣长度的最大值为:",np.max(datas[:,2:3]))
         print("花瓣长度的最小值为:",np.min(datas[:,2:3]))
Out[82]: ---------- 花瓣长度的统计量如下 ----------
         花瓣长度的均值为: 3.758
         花瓣长度的标准差为: 1.75940406578
         花瓣长度的中位数为: 4.35
         花瓣长度的最大值为: 6.9
         花瓣长度的最小值为: 1.0
```

本章小结

本章介绍了 Numpy 库的基础知识，包括 ndarray 和 matrix、索引、切片、生成随机数、通用函数、统计分析常用函数、文件的读取等内容。通过本章的学习，为学习数据分析库 Pandas 打下坚实的基础。由于篇幅所限，本章仅介绍 Numpy 的部分常用属性和方法，其他属性和方法请读者参考 Numpy 官网 http://www.numpy.org/。

课后习题

1. Numpy 提供的两种基本对象是(　　)。
A．array   B．ndarray   C．ufunc   D．matrix

2. 下列不属于数组属性的是( )。
A. ndim B. shape C. size D. add
3. 以下最能体现 ufunc 函数特点的是( )。
A. 又称之为通用函数
B. 对数组里的每一个元素逐一操作
C. 对整个数组进行操作
D. 数组里的元素都是相同类型的
4. 创建一个 3×3 的数组，下面代码中错误的是( )。
A. np.arange(0,9).reshape(3,3) B. np.eye(3)
C. np.random.random([3,3,3]) D. np.mat("1 2 3 4 5 6;7 8 9")
5. 生成范围在 0~1 之间、服从均匀分布的 10 行 5 列的数据。
6. 生成两个 2×2 矩阵，计算矩阵乘积。
7. 令 v 是以 3×1 矩阵 $[1\ -1\ 1]^T$ 为坐标形式的向量，构造如下投影矩阵：

$$P = \frac{vv^T}{v^Tv} \text{ 和 } Q = I - P$$

8. 如何查看 Numpy 模块中提供的对象与方法？如何查看方法的使用说明？
9. 请说明 np.array([1,−1,0]) 和 np.array([[1,−1,0]]) 的区别。

第 12 章 Pandas 基础与实战

Pandas(Python Data Analysis Library)是一个在 Numpy 基础之上开发的用于数据分析和数据操作的工具包。Pandas 由一些数据结构组成,这些数据结构在 Python 中用于数据分析。Pandas 的数据结构有三种:一维的 Series、二维的 DataFrame、三维的 Panel。本章重点讲解前两种数据结构的创建、使用方法以及 Pandas 提供的数据分析方法。

12.1 Pandas 数据结构

Pandas 有两个最基本的数据结构:Series 和 DataFrame,它们为大多数的应用程序提供了易于使用的数据操作。

12.1.1 Series

Series 类似于一维数组,由一组数据(可以是任意的 Numpy 数据类型)和一组称之为数据标签的索引组成。Series 对象的创建通常有以下三种方法。

1. 通过一组列表数据创建

示例如下:

```
In[1]:      from pandas import Series, DataFrame    #导入 Pandas 库中的 Series、DataFrame 模块
            import pandas as pd                     #导入 Pandas 库,后面代码不再重复此步骤
            pds1 = Series([1, 2, 3, 4])
            pds1
Out[1]:     0    1
            1    2
            2    3
            3    4
            dtype: int64
```

可以看出 Series 数据的索引在左边,而对应的值在右边。如果没有为数据指派索引,则缺省会以 0 到 N-1(N 为数据的长度)作为索引。

2. 通过指定索引的方式创建

示例如下：

In[2]:	pds2 = Series([1, 2, 3, 4], index=['a', 'b', 'c', 'd'])
	pds2
Out[2]:	a 1
	b 2
	c 3
	d 4
	dtype: int64

3. 通过字典方式创建

示例如下：

In[3]:	data = {"i1":1,"i2":2,"i3":3,"i4":4}
	ps3 = Series(data,index=['i1','i2','i3','i4']) #由于字典是无序的，需要指定索引排列顺序
	ps3
Out[3]:	i1 1
	i2 2
	i3 3
	i4 4
	dtype: int64

12.1.2 DataFrame

DataFrame 是一种类似于关系表的表格型数据结构，DataFrame 对象是一个二维表格，要求每列中的元素类型必须一致，而不同列可以拥有不同的元素类型。

Pandas 提供了将其他数据结构转换为 DataFrame 的方法，还提供了众多的输入输出函数来将各种文件格式转换成 DataFrame。使用 DataFrame 前，需要导入 Pandas 库中的 DataFrame 模块(from pandas import DataFrame)。

创建 DataFrame 的方法有很多，最常用的是传入二维数组和字典(可以由数组、Series、列表或者元组构成)给 DataFrame()。代码示例如下：

In[4]:	data = {
	"name":["王晓明","李静","田海"],
	"sex":["男","女","男"],
	"aged":[20,19,21]
	}
	#字典是无序的，因此需要通过 columns 参数指定列索引的排列顺序
	df = DataFrame(data,columns=["name","sex","aged"])
	df

Out[4]:		name	sex	aged
	0	王晓明	男	20
	1	李静	女	19
	2	田海	男	21

DataFrame 数据有列索引和行索引，行索引类似于关系表中每行的编号(未指定行索引的情况下，会使用 0 到 N-1 作为行索引)，列索引类似于表格的列名(也称为字段)。

也可以指定其他数据作为行索引，示例如下：

In[5]:　　df1 = DataFrame(data,columns = ["name","sex","aged"],index = ["L1","L2","L3"])
　　　　　df1

Out[5]:		name	sex	aged
	L1	王晓明	男	20
	L2	李静	女	19
	L3	田海	男	21

使用嵌套字典也可以创建 DataFrame 数据，代码示例如下：

In[6]:　　data1 = {
　　　　　　"sex":{"王晓明":"男","李静":"女","田海":"男"},
　　　　　　"aged":{"王晓明":20,"李静":19,"田海":21}
　　　　　}
　　　　　df2 = DataFrame(data1,columns = ["sex","aged"])
　　　　　df2

Out[6]:		sex	aged
	李静	女	19
	王晓明	男	20
	田海	男	21

12.2　Pandas 索引操作

12.2.1　重新索引

重新索引就是对索引进行重新排序，而索引对象是无法修改的。

1. Series 对象的重新索引

通过 Series 的 reindex()方法可以调整 index 的次序，但不是定义一个全新的 index，也就是说调整后的 index 必须为已经存在的 index，只是改变了原有 index 顺序而已，否则自动增加 index，对应的元素值为 NaN(not a number)缺失值。

我们可以通过 Series 对象的 isnull()方法或者 notnull()方法来寻找缺失值。

注意：使用 reindex() 方法不改变原来的对象。示例如下：

In[7]:	import numpy as np
	obj = Series([10,20,30,40,-10],index = ["a","b","c","d","e"],dtype=np.float64)
	obj
Out[7]:	a 10.0
	b 20.0
	c 30.0
	d 40.0
	e -10.0
	dtype: float64
In[8]:	obj1 = obj.reindex(index = ["b","c","a","d","e","n"])　　#使用 reindex 方法调整 index 顺序
	obj1
Out[8]:	b 20.0
	c 30.0
	a 10.0
	d 40.0
	e -10.0
	n NaN　　#原来的对象并不存在 "n" 这个索引，pandas 自动添加一个缺失值
	dtype: float64
In[9]:	obj1.isnull()　　#使用 isnull() 寻找缺失值
Out[9]:	b False
	c False
	a False
	d False
	e False
	n True
	dtype: bool

如果需要对插入的缺失值进行填充的话，可以通过 reindex() 方法的 method 参数来实现，参数值为 ffill 或 pad 时为向前填充，参数值为 bfill 或者 backfill 时为向后填充。示例如下：

In[10]:	#重新索引时，对缺失值进行前向填充
	obj1 = obj.reindex(index = ["b","c","a","d","e","n"],method = "ffill")
	obj1
Out[10]:	b 20.0
	c 30.0
	a 10.0
	d 40.0

```
         e    -10.0
         n    -10.0
         dtype: float64
```

2. DataFrame 对象的重新索引

下面代码演示了数据框的重新索引：

```
In[11]:  df = DataFrame(np.arange(9).reshape(3,3),index = ["L1","L2","L3"],columns = ["id1","id2","id3"])
         #对 df 重新索引，新增的 L4 行标签对应的缺失值通过 fill_value 参数指定为 9
         df2 = df.reindex(index = ["L1","L2","L3","L4"],columns = ["id3","id2","id1"],fill_value = 9)
         df2
Out[11]:      id3  id2  id1
         L1   2    1    0
         L2   5    4    3
         L3   8    7    6
         L4   9    9    9
```

12.2.2 更换索引

有时我们希望将列数据作为行索引，这时可以通过 set_index()方法来更换索引，生成一个新的 DataFrame，原来的 DataFrame 不会发生变换。

与 set_index()方法相反的方法是 reset_index()。

示例如下：

```
In[12]:  data = {
             "name":("张三","李四","王五","赵六"),
             "sex":("男","女","女","男"),
             "aged":(20,19,20,21),
             "score":(80,60,70,90)
         }
         df = DataFrame(data)                    #使用字典创建 DataFrame 对象
         df
Out[12]:      aged  name  score  sex
         0    20    张三    80     男
         1    19    李四    60     女
         2    20    王五    70     女
         3    21    赵六    90     男
In[13]:  df1 = df.set_index("name")              #使用 name 列更换默认行索引
         df1
Out[13]:      aged  score  sex
         name
```

张三	20	80	男
李四	19	60	女
王五	20	70	女
赵六	21	90	男

In[14]: df2 = df1.reset_index()   #恢复默认行索引
df2

Out[14]:

	aged	name	score	sex
0	20	张三	80	男
1	19	李四	60	女
2	20	王五	70	女
3	21	赵六	90	男

In[15]: df3 = df2.sort_values(by = "score")   #按照"score"列升序排列，但行索引不变
df3

Out[15]:

	name	aged	score	sex
1	李四	19	60	女
2	王五	20	70	女
0	张三	20	80	男
3	赵六	21	90	男

可以看到排序之后，行索引发生了改变。如果要获取成绩最高的两位同学的数据，需要记住其单独的索引。当数据量很大时，若想查看多位排序过的数据，这种做法是很不方便的。

可以对数据排序后，再恢复索引、删除原有索引，这样操作会方便很多。

示例如下：

In[16]: df4 = df3.reset_index()   #恢复索引
df4

Out[16]:

	Index	name	aged	score	sex
0	1	李四	19	60	女
1	2	王五	20	70	女
2	0	张三	20	80	男
3	3	赵六	21	90	男

In[17]: df5 = df3.reset_index(drop = True)   #删除原有索引
df5

Out[17]:

	name	aged	score	sex
0	李四	19	60	女
1	王五	20	70	女
2	张三	20	80	男
3	赵六	21	90	男

12.3 数据选择

在数据分析中，对选取的数据进行分析和处理是非常重要的。在 Excel 表格中，通过鼠标点选或扩选就可以轻松地选取数据，而在 Pandas 中，需要通过索引来完成数据的选取工作。

12.3.1 索引与切片

1．Series 对象的索引和切片

每个 Series 对象有两个特殊的属性：

➢ index：由 ndarray 数组继承的 Index 索引对象，保存标签信息。

➢ values：保存元素值的 ndarray 数组，Numpy 的函数都能对此数组进行处理。

Series 对象的 index 属性及 values 属性示例如下：

In[18]:	pds2 = Series([1, 2, 3, 4], index=['a', 'b', 'c', 'd']) print("Index 索引对象: ",pds2.index) print("值数组：",pds2.values)
Out[18]:	Index 索引对象: Index(['a', 'b', 'c', 'd'], dtype='object') 值数组：[1, 2, 3, 4]

Series 对象中元素的索引支持位置下标和标签下标两种形式。示例如下：

In[19]:	print("使用位置下标方式索引元素 pds2[2]: ",pds[2]) print("使用标签下标方式索引元素 pds2['b']: ",pds2['b'])
Out[19]:	使用下标方式索引元素 pds2[2]: 3 使用标签方式索引元素 pds2['b']: 2

Series 对象还支持位置切片和标签切片。位置切片遵循 Python 的切片规则，包括起始位置，但不包括结束位置；标签切片同时包括起始标签和结束标签。示例如下：

In[20]:	print("使用位置切片来索引元素 pds2[0:2]",pds2[0:2]) print("使用标签切片来索引元素 pds2['a':'c']",pds2['a':'c'])
Out[20]:	使用位置切片来索引元素 pds2[0:2] a 1 b 2 dtype: int64 使用标签切片来索引元素 pds2['a':'c'] a 1 b 2 c 3 dtype: int64

和 ndarray 数组一样，下标还可以使用位置列表或位置数组存取元素，同样也可以使用标签列表和标签数组。

In[21]:	print("使用位置列表来索引元素 pds2[[0,1]]: ",pds2[[0,1]])
	print("使用标签列表来索引元素 pds2[['d','c']]: ",pds2[['d','c']])
Out[21]:	使用位置列表来索引元素 pds2[[0,1]]: a 1
	b 2
	dtype: int64
	使用标签列表来索引元素 pds2[['d','c']]: d 4
	c 3
	dtype: int64

2. DataFrame 索引与切片

相比一维数组的数列 Series 数据选取，二维数组的数据框 DataFrame 数据选取更复杂，选取列和行都有具体的使用方法。

DataFrame 有两个索引对象：索引行标签的 index 和索引列标签的 columns。使用索引对象的 values 属性可以获取对应标签的数组对象，这些对象可以供 numpy 使用。

DataFrame 对象的属性 values 返回一个包含数据(不包括索引)的二维数组。

In[22]:	df.index	#返回索引行标签的 Index 对象
Out[22]:	RangeIndex(start=0, stop=4, step=1)	
In[23]:	df.index.values	#返回包含行标签的数组对象
Out[23]:	array([0, 1, 2, 3], dtype=int64)	
In[24]:	df.columns	#返回列标签的 Index 对象
Out[24]:	Index(['aged', 'name', 'score', 'sex'], dtype='object')	
In[25]:	df.values	#返回数据信息
Out[25]:	array([[20, '张三', 80, '男'],	
	[19, '李四', 60, '女'],	
	[20, '王五', 70, '女'],	
	[21, '赵六', 90, '男']], dtype=object)	

1) 选取列

通过列索引标签或者以属性的方式可以单独获取 DataFrame 的列数据，返回的数据为 Series 结构；通过标签列表可以获取多个列的数据，返回数据为 DataFrame 结构。示例如下：

In[26]:	df["name"]	#选取 name 列，也可以使用 df.name，返回一个 Series 对象
Out[26]:	0 张三	
	1 李四	
	2 王五	
	3 赵六	

		Name: name, dtype: object			
In[27]:	df[["name","sex"]]			#选取 name、sex 列，返回一个 DataFrame 对象	
Out[27]:		name	sex		
	0	张三	男		
	1	李四	女		
	2	王五	女		
	3	赵六	男		

注意：选取列时不能使用切片，切片只能用于选取行数据。

2) 选取行

通过行索引标签或者行索引位置(0 到 N-1)的切片形式可以选取行数据。

位置切片遵循 Python 的切片规则，包括起始位置，但不包括结束位置。标签切片则同时包括起始标签和结束标签。两种形式的切片返回结果都为 DataFrame 的子集。

示例如下：

In[28]:	df1[0:2]			
Out[28]:		aged	score	sex
	name			
	张三	20	80	男
	李四	19	60	女
In[29]:	df1["张三":"王五"]			
Out[29]:		aged	score	sex
	name			
	张三	20	80	男
	李四	19	60	女
	王五	20	70	女

切片方法选取行只能选取连续的行，有很大的局限性。

如果要选取单独的几行，可以通过 loc 属性和 iloc 属性来实现。loc 属性是按照行索引标签选取数据，iloc 属性是按照行索引位置选取数据。

示例如下：

In[30]:	df1.iloc[[0,2]]				#按照行索引位置选取数据
	df1.loc[["张三","王五"]]				#按照行索引标签选取数据
Out[30]:		aged	score	sex	
	name				
	张三	20	80	男	
	王五	20	70	女	

3) 选取行和列

在数据分析中，常常需要对部分行和列进行操作，这时就需要选取 DataFrame 数据中行和列的子集。通过 ix 属性可以完成，该属性同时支持索引标签和索引位置来进行数据选取。

示例如下：

In[31]:	df1.ix[[0,3],0:3]			#选取行索引 0、3，列索引 0、1、2 的数据
Out[31]:		aged	score	sex
	name			
	张三	20	80	男
	赵六	21	90	男
In[32]:	df1.ix[0:2,[0,2]]			#选取行索引是 0、1，列索引是 0、2 的数据
Out[32]:		aged	sex	
	name			
	张三	20	男	
	李四	19	女	
In[33]:	df1.ix[:,["aged","sex","score"]]			#选取所有的行和列索引 "aged"、"sex"、"score" 的数据
Out[33]:		aged	sex	score
	name			
	张三	20	男	80
	李四	19	女	60
	王五	20	女	70
	赵六	21	男	90
In[34]:	df1.ix[[1,3],:]			#选取行索引是 1、3 的行
Out[34]:		aged	score	sex
	name			
	李四	19	60	女
	赵六	21	90	男

4）布尔选择

当要选取列中的具体数据时，需要通过布尔选择来完成。示例程序如下：

In[35]:	df1["sex"] == "女"	
Out[35]:	name	
	张三	False
	李四	True
	王五	True
	赵六	False
Name:	sex, dtype: bool	
In[36]:	df1[df1["sex"] == "女"]	
Out[36]:		aged	score	sex
	name			

| | 李四 | 19 | 60 | 女 |
| | 王五 | 20 | 70 | 女 |

In[37]:   df1[(df1["sex"]=="女") & (df1["score"]>60)] #选取 sex 列是女和 score 列大于 60 的数据

Out[37]:
	aged	score	sex
name			
王五	20	70	女

12.3.2 操作行与列

1. 增加行

增加行数据可以通过 append()方法传入字典数据即可。示例程序如下：

In[38]:
```
append_data = {
    "name":"朱八",
    "sex":"男",
    "aged":23,
    "score":65
}
new_df = df.append(append_data,ignore_index = True)
new_df
```

Out[38]:
	aged	name	score	sex
0	20	张三	80	男
1	19	李四	60	女
2	20	王五	70	女
3	21	赵六	90	男
4	23	朱八	65	男

2. 增加列

增加列可以直接通过标签索引方式进行，如果新增的列中的数值不一样，可以传入列表或者数组结构进行赋值。示例如下：

In[39]:
```
new_df["city"] = ["北京","西安","长春","珠海","昆明"]
new_df
```

Out[39]:
	aged	name	score	sex	city
0	20	张三	80	男	北京
1	19	李四	60	女	西安
2	20	王五	70	女	长春
3	21	赵六	90	男	珠海
4	23	朱八	65	男	昆明

3. 删除

使用 drop()方法可以删除指定轴上的信息，原 DataFrame 中的数据不会删除。示例如下：

In[40]:	new_df.drop(2)					#删除行索引是 2 的信息
Out[40]:		aged	name	score	sex	city
	0	20	张三	80	男	北京
	1	19	李四	60	女	西安
	3	21	赵六	90	男	珠海
	4	23	朱八	65	男	昆明
In[41]:	new_df.drop(["score","city"],axis = 1,inplace = False)					
	#按照纵轴方向删除列标签 score 和 city，inplace 参数为 True 时就地修改，否则不修改					
Out[41]:		aged	name	sex		
	0	20	张三	男		
	1	19	李四	女		
	2	20	王五	女		
	3	21	赵六	男		
	4	23	朱八	男		

4. 修改标签

通过 rename()方法完成行和列索引标签的修改，index 参数指定要修改的行标签，columns 参数指定要修改的列标签。示例如下：

In[42]:	new_df.rename(index={3:2,4:3},columns={"score":"grade"})					#以字典形式指定修改信息
Out[42]:		aged	name	grade	sex	city
	0	20	张三	80	男	北京
	1	19	李四	60	女	西安
	2	20	王五	70	女	长春
	2	21	赵六	90	男	珠海
	3	23	朱八	65	男	昆明

12.4 数 据 运 算

Pandas 针对 Series 和 DataFrame 两种数据类型，提供了算术运算和函数的应用，这在数据分析中会经常用到，需要认真学习。

12.4.1 算术运算

Pandas 数据对象在进行算术运算时，如果有相同的索引对，则进行算术运算；如果没有，则会引入 NaN 缺失值，这就是数据对齐。

规则 1：数据框 DataFrame 之间的计算规则——先补齐标签索引(新增索引对应值为 NaN)，得到相同结构后，再进行计算。示例如下：

```
In[43]:    df1 = pd.DataFrame(np.arange(6).reshape(2,3))
           df1
Out[43]:      0  1  2
           0  0  1  2
           1  3  4  5

In[44]:    df2 = pd.DataFrame(np.arange(8).reshape(2,4))
           df2
Out[44]:      0  1  2  3
           0  0  1  2  3
           1  4  5  6  7

In[45]:    df1 + df2
Out[45]:      0  1  2   3
           0  0  2  4   NaN
           1  7  9  11  NaN
```

规则 2：用 +、-、*、/ 等算术运算符会产生 NaN 值，如果要将默认填充的 NaN 改为指定值，建议不要使用算术运算符，而改用成员方法，如 add()、sub()、mul()、div()。

```
In[46]:    df3 = df1.add(df2,fill_value = 6)
           df3
Out[46]:      0  1  2   3
           0  0  2  4   9.0
           1  7  9  11  13.0
```

规则 3：数据框 DataFrame 与数列 Series 的计算规则——按行广播(axis=1)，先把行改为等长，行内不做循环补齐，只是一行一行计算，不会跨行广播。列广播规则同理。

```
In[47]:    df4 = pd.DataFrame(np.arange(10).reshape(2,5))
           df4
Out[47]:      0  1  2  3  4
           0  0  1  2  3  4
           1  5  6  7  8  9

In[48]:    s = pd.Series(np.arange(3))
           s
Out[48]:   0  0
           1  1
           2  2
           dtype: int32

In[49]:    df4 - s                                              #按行广播
```

Out[49]:		0	1	2	3	4
	0	0.0	0.0	0.0	NaN	NaN
	1	5.0	5.0	5.0	NaN	NaN

In[50]:   df5 = df4.sub(s,axis = 0)   #按列广播，先把列改成等长
          df5

Out[50]:		0	1	2	3	4
	0	0.0	1.0	2.0	3.0	4.0
	1	4.0	5.0	6.0	7.0	8.0
	2	NaN	NaN	NaN	NaN	NaN

12.4.2 函数应用与映射

在数据分析时，常常会对数据进行较复杂的数据运算，这时需要定义函数。定义好的函数可以应用到 Pandas 数据中，有三种方法：
➢ map()函数，将函数应用到 Series 的每个元素中。
➢ apply()函数，将函数应用到 DataFrame 的行与列上。
➢ applymap()函数，将函数应用到 DataFrame 的每个元素上。
下面的程序为了把 length 列的"cm"字样去掉，用到了 map 函数，使用方法如下：

In[51]:   data = {
              "name":["张三","李四","王五"],
              "length":["172cm","175cm","168cm"]
          }
          df = DataFrame(data)
          df

Out[51]:		length	name
	0	172cm	张三
	1	175cm	李四
	2	168cm	王五

In[52]:   def f(s):
              return s.split("cm")[0]
          df["length"] = df["length"].map(f)   #在 length 列上的每个元素应用 map 函数
          df

Out[52]:		length	name
	0	172	张三
	1	175	李四
	2	168	王五

下面的代码演示了 apply()(默认 axis=0，按照列方向)的使用方法：

In[53]:   df1 = pd.DataFrame(np.random.rand(3,3),columns=["a","b","c"])

```
            df1
Out[53]:        a         b         c
          0  0.566876  0.923627  0.366363
          1  0.067587  0.953955  0.409631
          2  0.353226  0.361974  0.355224
In[54]:   f = lambda x:x.mean()              #定义 lambda 表达式，求均值
          df1.apply(f,axis = 0)              #沿列方向应用 f，求每列的均值
Out[54]:  a    0.304962
          b    0.496319
          c    0.570561
          dtype: float64
```

下面的代码演示了 applymap()函数的使用：

```
In[55]:   df1.applymap(lambda x:x+1)
Out[55]:        a         b         c
          0  1.566876  1.923627  1.366363
          1  1.067587  1.953955  1.409631
          2  1.353226  1.361974  1.355224
```

12.4.3 排序

在 Series 中，通过 sort_index()方法对索引进行排序，默认为升序；通过 sort_values()方法对值进行排序，默认是升序。

Series 排序示例如下：

```
In[56]:   obj = Series(range(4), index=['d', 'a', 'b', 'c'])
          obj
Out[56]:  d    0
          a    1
          b    2
          c    3
          dtype: int32
In[57]:   obj.sort_index()
Out[57]:  a    1
          b    2
          c    3
          d    0
          dtype: int32
In[58]:   obj.sort_values(ascending = False)
Out[58]:  c    3
```

```
            b    2
            a    1
            d    0
            dtype: int32
```

对于 DataFrame 数据而言，通过指定轴方向，使用 sort_index()方法可以对行或者列索引进行排序。要根据列进行排序，可以通过 sort_values()方法，把列名传给 by 参数即可。DataFrame 排序示例如下：

```
In[59]:   frame = DataFrame(np.arange(8).reshape((2, 4)), index=['two', 'one'],
                  columns=['d', 'a', 'b', 'c'])
          frame
Out[59]:       d    a    b    c
          two  0    1    2    3
          one  4    5    6    7

In[60]:   frame.sort_index()                     #默认 axis=0，按照纵轴行索引升序排列
Out[60]:       d    a    b    c
          one  4    5    6    7
          two  0    1    2    3

In[61]:   frame.sort_index(axis=1)               #按照横轴列索引升序排列
Out[61]:       a    b    c    d
          two  1    2    3    0
          one  5    6    7    4

In[62]:   frame.sort_index(by='b',ascending=False)   #按照列索引"b"降序排列
Out[62]:       d    a    b    c
          one  4    5    6    7
          two  0    1    2    3

In[63]:   frame.sort_values(by="b")              #按照列索引"b"的数据升序排序
Out[63]:       d    a    b    c
          two  0    1    2    3
          one  4    5    6    7
```

12.4.4 统计信息

在 DataFrame 数据中，通过 sum()方法可以对每列进行求和及汇总，还可以指定要汇总的轴方向。此方法返回一个 Series 对象。示例如下：

```
In[64]:   df = DataFrame([[1.4, np.nan], [7.1, -4.5],[np.nan, np.nan], [0.75, -1.3]],
                  index=['a', 'b', 'c', 'd'], columns=['one', 'two'])
          df
Out[64]:       one    two
```

	a	1.40	NaN
	b	7.10	-4.5
	c	NaN	NaN
	d	0.75	-1.3

In[65]:	df.sum()		#默认 axis=0，按照纵轴求和
Out[65]:	one	9.25	
	two	-5.80	
	dtype: float64		

In[66]:	df.sum(axis = 1)		#axis=1，按照横轴求和
Out[66]:	a	1.40	
	b	2.60	
	c	0.00	
	d	-0.55	
	dtype: float64		

describe()方法可以对每个数值型列进行描述性统计，形成统计报告。示例如下：

In[67]:	df.describe()		
Out[67]:		one	two
	count	3.000000	2.000000
	mean	3.083333	-2.900000
	std	3.493685	2.262742
	min	0.750000	-4.500000
	25%	1.075000	-3.700000
	50%	1.400000	-2.900000
	75%	4.250000	-2.100000
	max	7.100000	-1.300000

head()方法默认显示前 5 行数据，对应的 tail()方法默认显示后 5 行数据。
count()方法进行频次统计，示例如下：

In[68]:	df[df.one != 0].count()	
Out[68]:	one	3
	two	2
	dtype: int64	

12.4.5 唯一值与值计数

通过 Series 对象的 unique()方法可以获取不重复的数据，而通过 Series 对象的 values_counts()方法可以统计每个值出现的次数。示例如下：

| In[69]: | df= DataFrame({'Va1': [1, 3, 4, 3, 4],'Va2': [2, 3, 1, 2, 3], |

```
                        'Va3': [1, 5, 2, 4, 4]})
              df
Out[69]:      Va1   Va2   Va3
      0       1     2     1
      1       3     3     5
      2       4     1     2
      3       3     2     4
      4       4     3     4
In[70]:   df["Va1"].value_counts()
Out[70]:  4    2
          3    2
          1    1
          Name: Va1, dtype: int64
In[71]:   df["Va3"].unique()
Out[71]:  array([1, 5, 2, 4], dtype=int64)
```

12.5 数据清洗

现实中通过各种方式收集到的数据可能是"肮脏"的，使用前需要进行数据的清洗。数据清洗包括：缺失值处理、重复数据的处理和替代值的处理等具体操作。

12.5.1 处理缺失值

在大多数的数据分析应用程序中，缺少数据是常见的，缺少的值被 Pandas 标注为 np.nan，也就是缺失值 NaN。设计 Pandas 的目标之一就是尽可能轻松地处理丢失的数据。在 Python 基础语法中，None 不能参加计算，而缺失值 NaN 可以参加运算。在 Pandas 中，二者是一样的，都可以参加算术计算，None 自动转换成 NaN，np.nan 属于 float 类型。

常见的缺失值处理方法如表 12-1 所示。

表 12-1 ▶ 常见的缺失值处理方法

方 法 名	含 义
isnull()	判断每个元素是否为空/缺失值，返回一个布尔数组
notnull()	判断每个元素是否为非空，返回一个布尔数组
fillna()	设置缺失值的填补方法，返回一个新的对象
dropna()	删除缺失值

1. 缺失值判断

使用 isnull() 方法来判断是否存在缺失值或者空值，当存在时，相应位置的值为 True。示例如下：

In[72]:	NA = np.nan				
	A = DataFrame([[1, 2, 3.], [4, 5, NA], [6, NA, 7]],columns=list("abc"),index=list("123"))				
	A				
Out[72]:		a	b	c	
	1	1	2.0	3.0	
	2	4	5.0	NaN	
	3	6	NaN	7.0	
In[73]:	A.isnull()				#True 对应的就是缺失值
Out[73]:		a	b	c	
	1	False	False	False	
	2	False	False	True	
	3	False	True	False	

2. 缺失值填补

使用 fillna()方法可以对缺失值进行填补，参数 value 设置填补值，method 参数设置填补方式，"ffill" 使用前面的值填补，"bfill" 使用后面的值填补。示例如下：

In[74]:	A.fillna(value = A.stack().mean())				#用数据框 A 的均值作为填补值
Out[74]:		a	b	c	
	1	1	2.0	3.0	
	2	4	5.0	4.0	
	3	6	4.0	7.0	
In[75]:	A.fillna(method="ffill",axis = 1)				#按照横轴方向使用前面的值填补
Out[75]:		a	b	c	
	1	1.0	2.0	3.0	
	2	4.0	5.0	5.0	
	3	6.0	6.0	7.0	
In[76]:	A.fillna({"c":0,"b":-1})				#传入字典，针对不同列填补不同的值
Out[76]:		a	b	c	
	1	1	2.0	3.0	
	2	4	5.0	0.0	
	3	6	-1.0	7.0	

3. 缺失值删除

使用 dropna()方法可以对缺失值进行删除，可以定义删除方式，当 how 参数为"any"时，删除任何包含 NaN 的行或列，当 how 为"all"时，删除所有数据为 NaN 的行或列。

In[77]:	A.dropna()				#默认 axis=0，删除 NaN 所在的行
Out[77]:		a	b	c	
	1	1	2.0	3.0	
In[78]:	A.dropna(axis=1)				#axis=1，删除 NaN 所在的列

Out[78]:	a
1	1
2	4
3	6

12.5.2 处理重复值

在 DataFrame 中，通过 duplicated()方法判断各行之间是否存在重复数据。示例如下：

```
In[79]:    data = {
               "id":[1,2,3,1,4],
               "name":["apple","pear","banana","apple","peach"],
               "price":[5,4,3,5,3]
           }
           df = DataFrame(data)
           df
```

Out[79]:	id	name	price
0	1	apple	5
1	2	pear	4
2	3	banana	3
3	1	apple	5
4	4	peach	3

```
In[80]:    df.duplicated()                                    #判断重复行
```

Out[80]:	0	False
	1	False
	2	False
	3	True
	4	False
	dtype: bool	

当发现重复数据时，通过方法 drop_duplicates()删除，该方法默认删除完全重复的行，只保留第一次出现的数据，也可以指定部分列作为判断重复项的依据。该方法返回一个删除重复数据后的 DataFrame，原有的 DataFrame 不受影响。

```
In[81]:    print(df.drop_duplicates())                        #通过行判断重复
           #通过列索引"name"和"price"来判断重复，保留最后一次出现的重复数据
           print("-"*20,"\n",df.drop_duplicates(["name","price"],keep="last"))
           #通过列索引"price"来判断重复，保留首次出现的重复数据
           print("-"*20,"\n",df.drop_duplicates(["price"]))
```

Out[81]:	id	name	price
0	1	apple	5

```
       1    2    pear      4
       2    3    banana    3
       4    4    peach     3
       -----------------------------
            id   name   price
       1    2    pear      4
       2    3    banana    3
       3    1    apple     5
       4    4    peach     3
       -----------------------------
            id   name   price
       0    1    apple     5
       1    2    pear      4
       2    3    banana    3
```

12.5.3 替换值

在 Pandas 中，通过 replace() 方法完成值的替换，可以单值替换，也可以多值替换，这时参数的传入方式可以是列表，也可以是字典。示例如下：

```
In[82]:    data = {
              "name":["张三","李四","王五","赵六"],
              "sex":["男","男","女","女"],
              "aged":[20,19,np.nan,21],
              "birth_city":["北京","西安","沈阳",""]
           }
           df = DataFrame(data)
           df
Out[82]:        aged   birth_city   name   sex
           0    20.0      北京        张三    男
           1    19.0      西安        李四    男
           2    NaN       沈阳        王五    女
           3    21.0                 赵六    女
In[83]:    df.replace("","大连")
Out[83]:        aged   birth_city   name   sex
           0    20.0      北京        张三    男
           1    19.0      西安        李四    男
           2    NaN       沈阳        王五    女
           3    21.0      大连        赵六    女
In[84]:    df.replace({np.nan:19,"西安":"宝鸡","":"大连"})
```

Out[84]:		aged	birth_city	name	sex
	0	20.0	北京	张三	男
	1	19.0	宝鸡	李四	男
	2	19.0	沈阳	王五	女
	3	21.0	大连	赵六	女

12.6 数 据 分 组

数据分组来源于关系型数据库，GroupBy 技术用于数据分组运算。分组的基本过程是，首先将数据集按照分组键(key)分成小的数据片(split)，然后对每一个数据片进行操作，最后将结果组合起来形成新的数据集(combine)。

下面以 Seaborn 库提供的在线数据集 tips 为例进行举例说明。代码如下：

```
In[85]:  import seaborn as sns
         import pandas as pd
         tips = sns.load_dataset("tips")                          #载入 tips 数据集
         groupdata = tips["tip"].groupby(tips["sex"]).mean()      #依据性别分组键计算小费的平均值
         print(groupdata)
Out[85]: sex
         Male      3.089618
         Female    2.833448
         Name: tip, dtype: float64
```

也可以通过多个分组键进行计算，下面通过分组键 day 和 time 计算小费平均值。

```
In[86]:  groupdata1 = tips["tip"].groupby([tips["day"],tips["time"]]).mean()
         groupdata1                                               #Series 对象
Out[86]: day    time
         Thur   Lunch     2.767705
                Dinner    3.000000
         Fri    Lunch     2.382857
                Dinner    2.940000
         Sat    Dinner    2.993103
         Sun    Dinner    3.255132
         Name: tip, dtype: float64
```

为了更形象地看出 day、time 和 tip 的关系，使用 Pandas 绘图，如图 12-1 所示。

```
%matplotlib inline
from matplotlib import pyplot as plt
```

```
groupdata1 = tips["tip"].groupby([tips["day"],tips["time"]]).mean()
groupdata1.plot(kind = "barh")                                       #绘制水平直方图
```

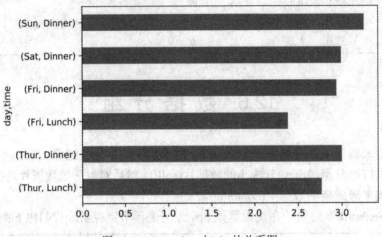

图 12-1　day、time 与 tip 的关系图

可以看出周六、周日的小费均值明显比周四、周五的小费均值要高。

groupby()方法使用的分组键除了上面的 Series，还可以是列名、列表、元组、字典、函数等。

1. 按列名分组

DataFrame 数据的列索引可以作为分组键，示例如下：

```
In[87]:  smoker_mean = tips.groupby("smoker").mean()   #按照 smoker 列索引分组
         smoker_mean                                    #返回多列的 DataFrame 对象
Out[87]:         total_bill    tip        size
         smoker
         Yes     20.756344    3.008710   2.408602
         No      19.188278    2.991854   2.668874
```

上述方法返回的是多列 DataFrame 数据，如果只需要获取 tip 列数据，通过索引选取即可。GroupBy 对象也可以通过索引获取 tip 列，然后再进行聚合运算。

代码如下：

```
In[88]:  size_mean1 = tips["tip"].groupby(tips["size"]).mean()   #通过索引获取 tip 列数据
         size_mean1
Out[88]: size
         1    1.437500
         2    2.582308
         3    3.393158
         4    4.135405
         5    4.028000
```

		6	5.225000	

Name: tip, dtype: float64

In[89]: size_mean2 = tips.groupby("size")["tip"].mean()   #推荐使用这种方式
size_mean2.plot()   #使用 Pandas 绘制折线图

画出 tip 和 size 之间的折线图，如图 12-2 所示，可以看出，小费 tip 基本上与聚餐人数 size 呈现正相关，但人数为 5 人时，有下降趋势。

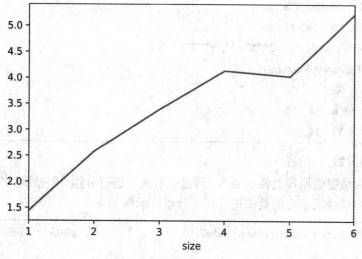

图 12-2　size 与 tip 关系图

2．按列表或元组分组

分组键也可以是长度适当的列表或者元组，长度适当就是要与待分组的 DataFrame 的行数一样。

示例如下：

In[90]:	df = DataFrame(np.arange(16).reshape(4,4))				
	df				
Out[90]:		0	1	2	3
	0	0	1	2	3
	1	4	5	6	7
	2	8	9	10	11
	3	12	13	14	15
In[91]:	df.groupby(["x","y"] * 2).mean()				#定义分组依据"x"、"y"、"x"、"y"
Out[91]:		0	1	2	3
	x	4	5	6	7
	y	8	9	10	11

3．按字典分组

如果原始的 DataFrame 中的分组信息很难确定或者不存在，可以通过字典结构，定义分组信息。示例如下：

In[92]:	#定义一个 4×3 的表格，行索引信息为 x、y、X、Y			
	df = DataFrame(np.arange(12).reshape(4,3),index=["x","y","X","Y"])			
	df			
Out[92]:		0	1	2
	x	0	1	2
	y	3	4	5
	X	6	7	8
	Y	9	10	11
In[93]:	dct = {"x":"1","y":"2","X":"1","Y":"2"}			
	df.groupby(dct).sum()			
Out[93]:		0	1	2
	1	6	8	10
	2	12	14	16

4．按函数分组

函数作为分组键的原理类似于字典，通过映射关系进行分组，但是函数分组更加灵活。下面的程序通过第一列的数值进行正负分组，示例如下：

In[94]:	df = DataFrame(np.random.randn(3,3))　　　　#生成一个正态分布数据框			
	df			
Out[94]:		0	1	2
	0	-0.260347	0.006057	0.554013
	1	1.016426	0.621581	0.988536
	2	-0.473198	-2.047402	1.474284
In[95]:	def f(x):			
	return "+" if x >= 0 else "-"			
	df[0].groupby(df[0].map(f)).sum()			
Out[95]:	0			
	+ 　1.016426			
	- 　-0.733545			
	Name: 0, dtype: float64			

12.7　聚合运算

聚合运算就是对分组后的数据进行计算，产生标量值的过程。

12.7.1　聚合运算方法

常用的聚合运算方法如表 12-2 所示。

表 12-2 ▶ 常见聚合运算方法

方法	含义	方法	含义
count	计算分组的数目，包括缺失值	std、var	返回每组的标准差、方差
sum	返回每组的和	min、max	返回每组的最小值、最大值
mean	返回每组的平均值	prod	返回每组的乘积
median	返回每组的算术中位数	first、last	返回每组的第一个值、最后一个值
idxmax	返回每组最大值所在索引	idxmin	返回每组最小值所在的索引
describe	返回描述性统计信息		

下面通过性别分组，计算账单的最大值和最小值以及差值，程序代码如下：

In[96]:
```
max_bill = tips.groupby('sex')['total_bill'].max()
min_bill = tips.groupby('sex')['total_bill'].min()
print("-----------max_bill-------------\n",max_bill)
print("-----------min_bill-------------\n",min_bill)
print("-------max_bill-min_bill--------\n",max_bill-min_bill)
```

Out[96]:
```
-----------max_bill-------------
 sex
Male      50.81
Female    44.30
Name: total_bill, dtype: float64
-----------min_bill-------------
 sex
Male      7.25
Female    3.07
Name: total_bill, dtype: float64
-------max_bill-min_bill--------
 sex
Male      43.56
Female    41.23
Name: total_bill, dtype: float64
```

对于更复杂的聚合运算，可以自定义聚合函数，通过 aggregate 或 agg() 方法传入。例如，通过性别分类，计算账单的最大值与最小值的差，代码如下：

In[97]:
```
def get_range(x):
    return x.max()-x.min()
bills_range = tips.groupby('sex')['total_bill'].agg(get_range)
bills_range
```

```
Out[97]:  sex
          Male      43.56
          Female    41.23
          Name: total_bill, dtype: float64
```

12.7.2 多函数应用

1. 单列多函数

对 agg() 方法的参数传入一个多函数列表，即可完成一列的多函数运算。如果不想使用默认的运算函数名作为列名，可以以元组的形式传入，元组第 1 项为列名，第 2 项为聚合函数。

示例如下：

In[98]: `tips.groupby(['sex','smoker'])['tip'].agg(['mean','std',get_range])`

Out[98]:

		mean	std	get_range
sex	smoker			
Male	Yes	3.051167	1.500120	9.00
	No	3.113402	1.489559	7.75
Female	Yes	2.931515	1.219916	5.50
	No	2.773519	1.128425	4.20

In[99]: `tips.groupby(['sex','smoker'])['tip'].agg([('小费均值','mean'),('极差',get_range)])`

Out[99]:

		小费均值	极差
sex	smoker		
Male	Yes	3.051167	9.00
	No	3.113402	7.75
Female	Yes	2.931515	5.50
	No	2.773519	4.20

2. 多列多函数

对多列进行多聚合函数运算时，会产生层次化索引。示例如下：

In[100]: `#在小费集的 total_bill 和 tip 列上应用聚合函数`
`tips.groupby(['day','time'])['total_bill','tip'].agg([('tip_mean','mean'),('Range',get_range)])`

Out[100]:

		total_bill		tip	
		tip_mean	Range	tip_mean	Range
day	time				
Thur	Lunch	17.664754	35.60	2.767705	5.45
	Dinner	18.780000	0.00	3.000000	0.00
Fri	Lunch	12.845714	7.69	2.382857	1.90
	Dinner	19.663333	34.42	2.940000	3.73
Sat	Dinner	20.441379	47.74	2.993103	9.00

| | | Sun | Dinner | 21.410000 | 40.92 | 3.255132 | 5.49 |

3. 不同列不同函数

如果需要对不同列进行不同的函数运算，可以通过字典来定义列和聚合函数之间的映射关系。示例如下：

```
In[101]:    tips.groupby(['day','time'])['total_bill','tip'].agg({'total_bill':'sum','tip':'mean'})
Out[101]:                    total_bill        tip
        day    time
        Thur   Lunch         1077.55       2.767705
               Dinner          18.78       3.000000
        Fri    Lunch           89.92       2.382857
               Dinner         235.96       2.940000
        Sat    Dinner        1778.40       2.993103
        Sun    Dinner        1627.16       3.255132
```

如果希望返回的结果不以分组键为索引，设置参数 as_index=False 即可以实现。示例如下：

```
In[102]:    no_index = tips.groupby(['sex','smoker'],as_index=False)['tip'].mean()
            no_index
Out[102]:      sex     smoker    tip
        0      Male    Yes       3.051167
        1      Male    No        3.113402
        2      Female  Yes       2.931515
        3      Female  No        2.773519
```

12.8 数据的读取与存储

对于数据分析来说，数据大部分来源于外部，如常用的 CSV 文件、Excel 文件、数据库文件等。本节讲解如何将这些外部数据转换为 DataFrame 数据格式，再通过 Python 对数据进行处理，最后将 DataFrame 数据存储到相应的外部数据文件中。

12.8.1 文本数据的读取与存储

1. 文本文件的读取

Pandas 提供了将表格型数据读取为 DataFrame 数据结构的函数：read_csv()和 read_table()，其中 read_csv()读取 CSV 文件，默认分隔符是逗号 ","；read_table()读取文本文件，默认分隔符是制表符 "\t"。函数的参数和含义见表 12-3。

表 12-3 ▶ 文本文件读取函数的参数和含义

参数	含义	参数	含义
sep	指定原数据集中各字段之间的分隔符	index_col	指定原数据集中某些列作为行索引
header	指定哪一行作为标题行	usercols	指定需要读取原数据集中哪些变量名
names	给数据框添加标题行	converters	为数据集中某些字段设置转换函数
skiprows	指定需要跳过原数据集开头的行数	skipfooter	指定需要跳过原数据集末尾的行数
parse_datas	解析对应的列数据	comment	指定注释符
encoding	当文件中含有中文，指定编码格式	dtype	为每个列设置不同数据类型

示例如下：

```
In[103]:  import csv                                              #导入 csv 库
          fp = open('./data/test.csv','w',newline='')
          writer = csv.writer(fp)                                 #创建 csv 文件
          writer.writerow(("id","sex","name","grade"))
          writer.writerow(("1","男",'张三',"87"))
          writer.writerow(('2',"女","李静","92"))
          writer.writerow(('3',"男","王五","85"))
          fp.close()

In[104]:  import pandas as pd
          df = pd.read_csv(open("./data/test.csv"))   #如果路径表达式中有中文，需要加 open 函数
          #也可以使用 pd.read_table(open("./data/test.csv"),sep=",")，指定分割符为","
          df

Out[104]:    id   sex   name   grade
          0  1    男    张三    87
          1  2    女    李静    92
          2  3    男    王五    85
```

1) 指定列作为索引

默认情况下，读取的 DataFrame 数据行索引是从 0 开始进行计数的，实际中可以通过 index_col 参数自由指定列作为行索引。例如，可以通过 index_col 参数指定 id 列作为行参数，代码如下：

```
In[105]:  df = pd.read_csv(open("./data/测试.csv"),index_col='id')
          df

Out[105]:      sex   name   grade
          id
          1    男    张三    87
          2    女    李静    92
          3    男    王五    85
```

2) 指定标题行

有些情况下，CSV 文件没有标题行，如果使用默认参数读取，会指定第 1 行作为标题行，这不符合实际情况。有两种指定标题行的方法，一种是设置 header 参数为 None，这时会自动分配一个从 0 开始的默认标题行；另一种是通过 names 参数指定列名。

程序示例如下：

```
In[106]:  !type d:\pyexe\data\ex1.csv        #调用 Windows 下的 type 命令查看 ex1.csv 文件内容
Out[106]: 1,Jack,97
          2,Peter,62
          3,John,85
In[107]:  df = pd.read_csv("./data/ex1.csv")
          df
Out[107]:     1     Jack    97
          0   2     Peter   62
          1   3     John    85
In[108]:  df = pd.read_csv("./data/ex1.csv",names=['id','name','grade'])
          df
Out[108]:     id    name    grade
          0   1     Jack    97
          1   2     Peter   62
          2   3     John    85
```

3) 自定义读取

由于数据原因或者数据分析的需要，有时可能只需选择读取部分的行或者列，这时可以通过 skiprows 参数选择跳过一些行，也可以通过 nrows 参数选择只读取部分数据，还可以通过 usecols 参数读取部分列。

2. 文本文件的存储

利用 DataFrame 的 to_csv()方法，可以将数据存储到以逗号分隔的 CSV 文件中，可以通过设置 index 和 header 参数分别处理行和列索引。示例如下：

```
         from pandas import DataFrame
         data = {
             "name":["张三","李四","王五","赵六"],
             "sex":["男","男","女","女"],
In[109]:     "aged":[20,19,22,21],
             "birth_city":["北京","西安","沈阳",""]
         }
         df = DataFrame(data)
         df.to_csv("./data/信息.csv",index=False)                    #不存储行索引

         aged,birth_city,name,sex
```

```
Out[109]    20,北京,张三,男
            19,西安,李四,男
            22,沈阳,王五,女
            21,赵六,女
```

12.8.2 Excel 数据的读取与存储

可以通过 read_excel()和 to_excel()方法对 Excel 数据进行读取和存储。

read_excel()方法中可以通过参数 sheetname 指定读取的工作簿，to_excel()方法将 DataFrame 数据存储为 Excel 文件。示例如下：

```
In[110]:  df = pd.read_excel('./data/国民生产总值.xls',sheetname='生产总值',parse_cols=[0,1,2,3],
          index_col=0)                    #指定第 1 列数据为行索引
          df.head(2)
```

Out[110]:

序号	时间	国内生产总值_当季值(亿元)	第一产业增加值_当季值(亿元)
1	2000 年第一季度	21329	1908
2	2000 年第二季度	24043	3158

```
In[111]:  df.to_excel("./data/backup.xlsx",sheet_name='out',index=["序号"])
```

12.9 案例实战

本节以"网贷之家"网站上的网贷数据为例(数据时间段是"昨日")，讲解数据分析中的数据预处理，并通过可视化手段对网贷数据进行分析。

1. 数据来源

本例使用的数据源自网站 https://shuju.wdzj.com/中的表格数据，这里直接从 Web 上读取数据表格，按照实际需要生成 Excel 表格。代码如下：

```
In[112]:  import pandas as pd
          #使用 pandas 的 read_html()方法读取 HTML 网页中的表格，返回一个 list 对象
          df = pd.read_html('https://shuju.wdzj.com/')
          df[0].iloc[:,0:6].head()                    #读取数据的前 5 行
```

Out[112]:

序号	平台	成交量(万元)	平均参考收益率(%)	平均借款期限(月)	待还余额(万元)
0	1	麻袋财富 首次出借最高返利 200 元	15953.78	10.00	20.52	1542305.97
1	2	你我贷 首次出借最高返利 230 元	14402.70	11.60	14.71	1433229.85
2	3	团贷网 首次出借最高返	13491.02	10.03	1.21	1073734.80

			利 325 元			
3	4		轻易贷	9838.05	8.48	4.66	889285.79
4	5		翼龙贷 首次出借最高返 利 110 元	9321.83	9.50	7.45	1337905.78

2. 研究问题

本次分析中，围绕网贷数据提出以下几个问题：
- ➢ 成交量的分布情况。
- ➢ 平均参考收益率的情况。
- ➢ 收益率最高的五大网贷公司。
- ➢ 成交量最大的五大网贷公司。

3. 数据清洗

对数据进行简单描述，查看是否有缺失值。可以看出样本数据集中没有缺失值，列的数据类型都为 64 位整型。

如果有缺失值的话，简单的处理可以使用 dropna() 删除，也可以使用插值处理 fillna()。代码如下：

```
In[113]:    df.isnull().sum()
Out[113]:   序号              0
            平台              0
            成交量(万元)         0
            平均参考收益率(%)     0
            平均借款期限(月)      0
            待还余额(万元)        0
            追踪              0
            对比              0
            dtype: int64
```

从前面的数据集中可以看出"平台"这一列中有一些无用的提示信息，"追踪"和"对比"这两列也没有用，可以去掉。示例代码如下：

```
In[114]:    #提取前 200 行×6 列数据
            df = df[0].ix[0:200,0:6]
            def f(s):
                return s.split(" ")[0]
            df["平台"] = df["平台"].map(f)                        #去掉"平台"列中的无效字符
            df.to_excel("./data/网贷平台.xls",sheet_name="p2p",index=["序号"]) #保存数据到文件中
            df = pd.read_excel("./data/网贷平台.xls")
            df.head()
Out[114]:   序号    平台    成交量(万元)  平均参考收益率(%)  平均借款期限(月)  待还余额(万元)
```

0	1	麻袋财富	15953.78	10.00	20.52	1542305.97
1	2	你我贷	14402.70	11.60	14.71	1433229.85
2	3	团贷网	13491.02	10.03	1.21	1073734.80
3	4	轻易贷	9838.05	8.48	4.66	889285.79
4	5	翼龙贷	9321.83	9.50	7.45	1337905.78

4．数据探索

首先对网贷平台 P2P 的成交量数据绘制直方图，结果如图 12-3 所示。可以看出成交量在 100 万元以下的网贷平台占据多数，说明了 P2P 平台成交量普遍不高。代码如下：

df["成交量(万元)"].hist(bins = 200)

然后对平台平均参考收益率数据绘制柱状图，如图 12-4 所示。代码如下：

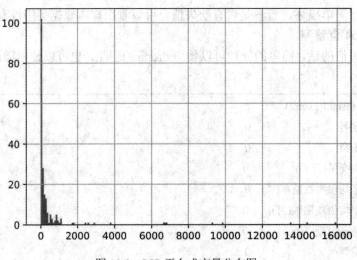

图 12-3　P2P 平台成交量分布图

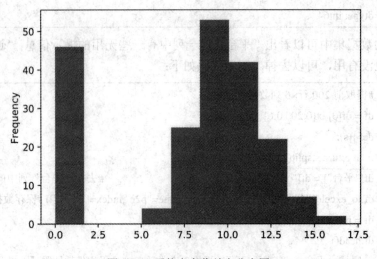

图 12-4　平均参考收益率分布图

可以看出大部分 P2P 平台的资金平均参考收益率在 8%到 10%之间，还有一定数目的平台收益率在 2%以下，收益率在 15%以上的平台很少。

```
df["平均参考收益率(%)"].plot(kind="hist")
```

然后再对平均参考收益率降序排列，取最前面 5 个，结果如图 12-5 所示。代码如下：

```
sort_benefit = df.sort_values(by = "平均参考收益率(%)",ascending = False)[:5]
sort_benefit[["平台","平均参考收益率(%)"]].set_index("平台").plot(kind="bar",\
                                    title="平均收益率最高的公司情况")
```

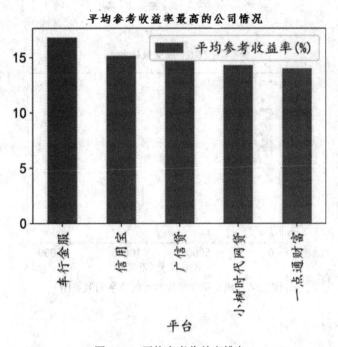

图 12-5　平均参考收益率排名

同样的方法，绘制成交量最大的 5 家公司分布情况，如图 12-6 所示。代码如下：

```
sort_benefit = df.sort_values(by = "成交量(万元)",ascending = False)[:5]
sort_benefit[["平台","成交量(万元)"]].set_index("平台").plot(kind="bar",\
title="成交量(万元)最大的公司情况")
```

可以看出成交量大小和平均收益率没有必然联系，成交量大的 P2P 网贷平台不一定收益率就高。

进一步研究这两者之间有无必然的线性关系，绘制"成交量"和"平均参考收益率"的散点图，如图 12-7 所示，可以看出两者之间没有线性关系。代码如下：

```
df.plot(kind="scatter",x = "成交量(万元)",y = "平均参考收益率(%)")
```

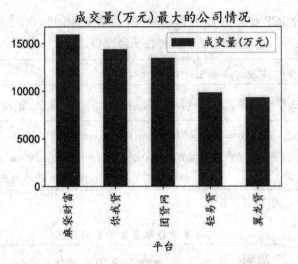

图 12-6 成交量排名

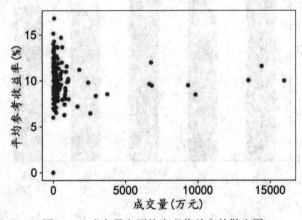

图 12-7 成交量和平均参考收益率的散点图

本章小结

本章介绍了 Pandas 库中的一维数组 Series 和二维表格 DataFrame 的常用属性、方法与描述性统计等相关内容。数据分析的第一步是对样本集进行数据清洗(数据清洗包括对重复值、缺失值和异常值的处理),然后对数据进行不同方向的统计分析,最后对结果进行可视化显示。通过本章学习,读者可以对 Pandas 有一个整体的了解,并能够利用 Pandas 库进行基础的统计分析。由于篇幅所限,本章仅仅介绍了 pandas 库基本内容和数据预处理的部分内容。Pandas 的其他内容读者可查阅资料进一步学习。

课后习题

1. 下列关于 Pandas 数据读/写的说法中,错误的是( )。

A. read_csv()方法能够读取所有文本文档
B. to_csv()方法能够将结构化数据写入.csv 文件中
C. to_excel()方法能够将结构化数据写入 Excel 文件
D. to_sql()方法能够读取数据库的数据

2. 下列 loc、iloc、ix 属性的用法，正确的是(　　)。

A. df.loc['列名','索引名'];df.iloc['索引位置','列位置'];df.ix['索引位置','列']
B. df.loc['索引名','索引名'];df.iloc['索引位置','列名'];df.ix['索引位置','列名']
C. df.loc['索引名','索引名'];df.iloc['索引位置','列名'];df.ix['索引位置','列位置']
D. df.loc['索引名','索引名'];df.iloc['索引位置','列位置'];df.ix['索引位置','列位置']

3. 下列关于 groupby()方法的说法，正确的是(　　)。

A. groupby 能够实现分组聚合
B. groupby 方法的结果可以直接查看
C. groupby 是 Pandas 提供的一个用来分组的方法
D. groupby 是 Pandas 提供的一个用来聚合的方法

4. 有一份数据，需要查看数据的类型，并将部分数据做强制类型转换，以及对数值型数据做基本的描述性分析，下列的步骤和方法正确的是(　　)。

A. dtypes 查看类型，astype 转换类型，describe 描述性统计
B. astypes 查看类型，dtypes 转换类型，describe 描述性统计
C. describe 查看类型，astype 转换类型，dtypes 描述性统计
D. dtypes 查看类型，describe 转换类型，astypes 描述性统计

5. 以下关于 drop_duplicates()方法的说法，错误的是(　　)。

A. 仅对 DataFrame 和 Series 类型的数据有效
B. 仅支持单一特征的数据去重
C. 数据重复时默认保留一个数据
D. 该函数不会改变原始数据排列

6. 以下关于缺失值检测的说法中，正确的是(　　)。

A. null 和 notnull 可以对缺失值进行处理
B. dropna 方法既可以删除观测记录，亦可以删除特征
C. fillna 方法中用来替换缺失值的值只能是数据库
D. Pandas 库中 interpolate 模块包含了多种插值方法

7. 读取 Seaborn 内置的 mpg 数据集，并实现以下操作：

(1) 查看 mpg 数据集的维度、大小等信息。

(2) 使用 describe 方法对整个 mpg 数据集记性描述性统计。

(3) 计算不同 cylinders(气缸数)、origin(产地)对应的 mpg(油耗)和 horsepower(功率)的均值。

第 13 章 网络爬虫基础与实战

网络爬虫是为了获取互联网上的有用数据而编写的一种程序。编写网络爬虫的目的是将互联网上的网页下载到本地并提取感兴趣的相关数据。网络爬虫可以自动浏览网页中的信息，根据指定的规则下载并提取信息。爬虫系统主要是模拟人的上网行为，构造 HTTP 请求包，发送 HTTP 请求到服务器，接收服务器返回的 HTTP 响应，对返回的网页进行解析，提取有价值的信息。本章介绍网络爬虫系统的基本架构、网页解析工具以及 Python 中常用爬虫库 Beautiful Soup、requests 和爬虫框架 Scrapy 的使用。

13.1 爬虫系统的架构

网络爬虫的两个主要任务是：下载目标网页和从网页中解析感兴趣的信息。为了完成这两个任务，一个简单的网络爬虫系统包含图 13-1 所示的部分。

➢ URL 地址管理器：管理将要爬取的网页地址，防止重复抓取和循环抓取。

➢ HTML 网页下载器：下载相应的网页内容到本地。

图 13-1 网络爬虫系统的基本架构

➢ HTML 网页解析器：解析爬取的网页内容，从网页中提取有价值的信息，这是爬虫系统的关键部分。

➢ 数据存储管理器：保存爬取的有用信息，把解析出来的信息永久保存到文件或者数据库中。

13.2 常用的爬虫技术

13.2.1 实现 HTTP 请求

爬虫系统的核心部件之一就是 HTML 网页下载器，下载网页就需要实现 HTTP 请求，在 Python 中实现 HTTP 请求比较常用的库主要有两个：

(1) urllib 库。urllib 库是 Python 内置的 HTTP 请求库，可以直接调用。目前使用最多的是 urllib3。

(2) requests 库。requests 库基于 urllib，是一个基于 Apache2 开源协议的 HTTP 库。它比 urllib 更加方便，使用它可以减少爬虫系统编写的工作量，能够满足 HTTP 的测试需求。

13.2.2 实现网页解析

在 Python 中解析网页主要用到 3 种工具：

(1) 正则表达式。正则表达式使用预定义的模式去匹配一类具有共同特征的字符串，可以快速、准确地完成复杂的查找、替换等处理要求。正则表达式在文本编辑与处理、网页爬虫之类的场合中有重要价值。它能够提取想要的所有信息，效率也比较高，但是缺点也很明显，就是写起来比较复杂，不是很直观。

(2) lxml 库。lxml 库使用 XPath 语法，同样是效率比较高的解析库。XPath 是一门在 XML 文档中查找信息的语言，可以在 XML 文档中对元素和属性进行遍历。XPath 比较直观易懂，配合 Google 的 Chrome 浏览器，写起来非常简单，编写的代码速度快且健壮。lxml 库是解析网页的最佳选择，推荐使用 lxml 进行网页内容解析。

(3) bs4.BeautifulSoup。BeautifulSoup 是一个可以从 HTML 或者 XML 文件中提取数据的 Python 库，它能够实现文档的导航和查找。BeautifulSoup 简单易学，但相比 lxml 和正则表达式，解析速度要慢很多。

13.2.3 爬虫框架

爬虫系统除了手写代码以外，还可以使用 Python 中很多实现爬虫项目的半成品——爬虫框架。爬虫框架允许根据具体项目的情况，调用框架提供的接口，编写少量的代码实现一个爬虫系统。爬虫框架实现了爬虫系统要实现的常用功能，节省了编程人员的开发时间，帮助程序员高效地开发爬虫系统。

Python 中爬虫框架很多，常见的有 Scrapy、Pyspider、Cola 等。

Scrapy 是 Python 中最著名、最受欢迎的爬虫框架，它是一个相对成熟的框架，有着丰富的文档和开放的社区交流空间。本章主要介绍 Scrapy，如果读者对其他爬虫框架感兴趣，可以上网查阅相关资料。

13.3 爬虫基础

在开发爬虫系统前，需要学习一些爬虫要用到的基础知识。Python 爬虫开发，主要就是和 HTTP 协议打交道。

13.3.1 HTTP 请求

超文本传输协议(HTTP)是一种通信协议，它允许将超文本标记语言(HTML)编写的文档从 Web 服务器端传送到客户端的浏览器。HTTP 请求可以理解为浏览器到 Web 服务器的请求消息。当客户端从服务器请求服务或者数据时，就会向服务器发送 HTTP 请求包，然后服务器会响应这个请求，返回 HTTP 响应包，最后关闭浏览器和服务器之间的连接。

HTTP 请求信息由请求方法、请求头部和请求正文 3 部分组成。爬虫时主要关注请求方法和请求头部。

1. 请求方法

不同的请求方法有着不同的作用，最常见的请求方法有 get 方法和 post 方法。

(1) get 方法。get 方法请求指定的页面信息。如果要查询字符串(名称/值对)，那么这些信息包含在 get 请求的 url 中。

(2) post 方法。post 方法向指定的资源提交要被处理的数据(如提交表单或者用户登录验证)，数据被包含在请求体中。post 请求可能会导致新的资源建立或者已有资源的修改。

get 方式提交的数据最多只能有 1024 Kb，而 post 则没有此限制。另外，使用 get 的时候，参数会显示在地址栏上，而 post 则不会。

2. 请求头部

请求头部包含很多关于客户端环境和请求正文的有用信息，例如，请求头部可以声明浏览器所用的语言、浏览器的类型、操作系统、请求正文的长度等。一般网站服务器最常见的反爬虫措施就是通过读取请求头部的用户代理(User-Agent)信息，来判断这个请求是来自正常的浏览器还是爬虫系统。为了应对服务器的这种反爬虫策略，编写爬虫系统经常需要构造请求头部，来伪装成一个正常的浏览器。

打开 Chrome 浏览器，在网页空白处单击鼠标右键，选择【检查】，这时会在浏览器的右侧出现一个子页面。单击子页面上方菜单中的【network】，然后输入一个网址，打开该网址的主页，可以看到子页面下方出现了很多请求的 URL 记录。向上拉动右侧滚动条，找到最上面的那条请求记录，单击这条记录，右侧会出现请求的详细信息。我们主要关心【Request Headers】，也就是请求头部。选择【Headers】菜单，结果如图 13-2 所示。

```
▼ Request Headers
  :authority: news.sina.com.cn
  :method: GET
  :path: /
  :scheme: https
  accept: text/html,application/xhtml+xml,application/xml;q=0.9,image/webp,image/apng,*/*;q=0.8
  accept-encoding: gzip, deflate, br
  accept-language: zh-CN,zh;q=0.9
  cache-control: max-age=0
  cookie: UOR=,news.sina.com.cn,; ULV=1548665960054:1:1:1:; SINAGLOBAL=172.16.138.139_1548665958.75233; Apache=172.16.138.139_1548665958.75235; lxlrttp=1547190260
  if-modified-since: Mon, 28 Jan 2019 08:57:15 GMT
  upgrade-insecure-requests: 1
  user-agent: Mozilla/5.0 (Windows NT 6.1; Win64; x64) AppleWebKit/537.36 (KHTML, like Gecko) Chrome/71.0.3578.98 Safari/537.36
```

图 13-2 请求头部信息

可以看出，Request Headers 由众多的头域组成，每个头域由一个域名、冒号(:)和值域 3 部分组成。它以字典的形式列出具体的信息，其中包含了重要的 User-Agent(用户代理)信息。

13.3.2　HTTP 响应

浏览器发送 HTTP 请求后，Web 服务器会返回一个响应(response)，其中存储了服务器响应的内容，该响应是以 HTML 格式发送给浏览器的。同时，服务器会发送一个响应状态码(HTTP Status Code)。HTTP 状态码主要是为了标识此次 HTTP 请求的运行状态。状态码由 3 位十进制数字组成，第一个数字定义响应的类别。

HTTP 状态码共分为 5 种类别，如表 13-1 所示。

表 13-1 ▶　HTTP 状态码

分　类	分　类　描　述
1xx	指示信息，表示服务器已收到请求，需要请求者继续执行操作
2xx	成功，表示请求已被成功接收、理解并处理
3xx	重定向，要完成请求必须进行更进一步的操作
4xx	客户端错误，请求有语法错误或请求无法实现
5xx	服务器端错误，服务器在处理请求的过程中发生了错误

常用的 HTTP 状态码及其含义如下：
- 100：客户端应当继续发送请求。
- 200：请求成功。
- 301：资源被永久转移到其它 URL。
- 302：请求的资源现在临时从不同的 URL 响应。
- 400：语义或者请求参数有误。
- 404：请求的资源不存在。
- 500：服务器内部错误。
- 501：服务器无法识别该请求。

13.3.3　requests 库

requests 库是一个简单优雅的 HTTP 库，它不是 Python 的标准库，需要安装(推荐使用 Anaconda 开发环境)。requests 实现 HTTP 请求非常简单，操作更加人性化。

1．requests 库的请求方法

使用 requests 库发送 HTTP 请求非常简单，使用 get()方法或者 post()方法就可以完成。如果只是要发送请求头部信息，可以使用 head()方法。示例如下：

```
>>>import requests                                              #使用前需要导入 requests 库
>>>response = requests.get("http://www.tmall.com/")             #使用 get()方法发送 HTTP 请求
>>>response = requests.head("http://www.baidu.com/")            #使用 head()方法发送头部字段
```

2. requests 库的响应对象

使用 requests 请求方法后，系统会返回一个响应(response)对象，它存储了服务器响应的内容，可以使用 response 对象的 text 属性获取文本形式的响应内容。requests 会自动解码来自服务器的响应内容，大多数 Unicode 字符集都能被无缝地解码。可以使用 response.encoding 查看编码方式，也可以修改 response.encoding 属性来让 response.text 使用其他编码方式进行解码，如果编码方式不对，会导致 response.text 输出乱码。

```
>>>response.encoding = "utf-8"
>>>print(response.text)
```

response 对象的 content 属性以字节串 bytes 的方式访问响应内容，可以直接保存到二进制文件中。

3. 定制请求头部

服务器通过读取请求头部的用户代理信息，来判断这个请求是正常的浏览器发出的还是爬虫系统发送的。因此，需要为请求添加 HTTP 头部来伪装成正常的浏览器。解决的方式是构造一个用户代理的字典给请求头部就可以了(可以抓取浏览器发送的用户代理信息来填写)。示例如下：

```
>>>import requests
>>>headers = {
    "User-Agent": "Mozilla/5.0 (Windows NT 6.1; Win64; x64) AppleWebKit/537.36 \
    (KHTML, like Gecko) Chrome/71.0.3578.98 Safari/537.36"
}                                     #定义 User-Agent 域信息,可以直接复制浏览器发送的该域信息
>>>url = "http://www.baidu.com/"                    #定义访问的网页 url
>>>response = requests.get(url,headers=headers)     #使用 get 方法发送 HTTP 请求
>>>response.request.headers.get("User-Agent")       #查看 User-Agent 域信息
```

4. 重定向与超时

默认情况下，除了 head 请求方法，requests 会自动处理所有的重定向。可以使用响应对象的 history 属性来追踪重定向。history 属性返回一个列表，它是一个 response 对象的列表。可以使用 url 属性来查看实际请求的 URL。

```
>>>response = requests.get("http://mail.qq.com/")
>>>response.history
[<Response [302]>]
>>>response.url
'https://mail.qq.com/cgi-bin/loginpage'
```

在爬取网页的过程中，有时服务器可能会没有响应。为了应对这种情况，可以设置 timeout 参数来定义超时时间(单位为秒)，过了超时时间浏览器就停止等待响应。

```
response = requests.get("http://mail.qq.com/",timeout=3)          #设置超时时间为 3 秒
```

5．传递 URL 参数

很多时候，网站会通过 URL 的查询字符串传递某种数据。例如，在新浪的搜索框中搜索新闻"Tesco 裁员近万人"，会发现跳转的 URL 变成如下形式：

http://www.sina.com.cn/mid/search.shtml?range=all&c=news&q=Tesco%E8%A3%81%E5%91%98%E8%BF%91%E4%B8%87%E4%BA%BA&from=home&ie=utf-8

这就是一个通过 URL 传递查询参数的例子，查询的数据会以"键=值"的形式置于 URL 中，跟在"？"后面，多个查询数据之间以"&"连接起来。

requests 的 get()方法允许使用 params 关键字参数，post()方法使用 data 关键字参数，这些参数由一个字符串字典来提供。比如，在当当网上查询图书"Python"，代码如下：

```
>>>postdata = {"key":"python","act":"input"}
>>>response = requests.post("http://search.dangdang.com/",data=postdata)
```

6．获取响应码

获取响应码可以使用 response 对象的 status_code 字段。例如，获取上面请求的响应码：

```
>>>response.status_code
200
```

7．cookie 处理

如果响应中包含 cookie 的值，可以使用如下方式获取 cookie 字段的值，示例如下：

```
>>>import requests
>>>response = requests.get("http://www.baidu.com")
>>>for cookie in response.cookies.keys():          #遍历所有的 cookie 的值
        print(cookie,":",response.cookies.get(cookie))
BDORZ : 27315
```

13.4 网页解析基础

前面介绍了通过 requests 库的 get()方法构造 HTTP 请求以及通过 response 对象的 content 和 text 字段来下载 HTML 源码。下载源码后面临一个最常见的任务，就是从 HTML 源码中提取有价值的信息。提取信息可以使用 lxml 库提供的 XPath 语法、正则表达式等。

13.4.1 HTML 简介

HTML 是一种表示网页信息的符号标记语言，它使用标记标签来描述网页。Web 浏览器的作用是读取 HTML 文档，并以网页的形式显示出来。浏览器不会显示 HTML 标签，而是使用标签来解释网页的内容。

网页由若干个 HTML 定义的标签组成，标签分为嵌套和非嵌套两类。嵌套格式为

"<标签>...</标签>"，非嵌套格式仅有"<标签>"。此外，根据标签的不同，有的标签可以附带属性参数，表示为"<标签 属性="参数值">"。

1. HTML 基本结构

➢ <html>内容</html>：HTML 开始标签，其内容描述整个网页。

➢ <head>内容</head>：HTML 文件头标签，用来包含文件的基本信息，比如网页的标题、关键字、CSS 等。除了网页标题<title></title>外，其他标签并不显示给用户。

➢ <title>内容</title>：HTML 文件标题标签，显示在浏览器窗口的左上角。

➢ <body>内容</body>：网页的主体部分，也就是浏览器窗口中可以出现的所有信息。

➢ <meta>内容</meta>：提供有关页面的元信息，必须放在<head></head>标签里面，用来描述一个 HTML 网页的属性，除了描述字符集、使用语言、作者等基本信息外，还涉及对关键词和网页等级的设定。

2. 文档设置标签

文档设置标签分为格式标签和文本标签。

➢ <p>：段落标签。

➢ <center>：居中对齐标签。

➢ <pre>：预格式化标签。保留预先编排好的格式。

➢ <ul>、<ol>、<li>：ul 标签创建无序列表，ol 标签创建有序列表，li 标签创建其中的列表项。

➢ <hr>：水平分割线标签。

➢ <div>：分区显示标签，也称为层标签，常用来编排一大段 HTML 段落，也可以用于将表格式化，可以多层嵌套使用。

➢ <h*>：标题标签，共有 6 个级别，*的范围为 1～6。不同级别对应不同显示大小的标题，h1 最大，h6 最小。

➢ <font>：字体设置标签，用来设置字体的格式，一般有 3 个常用属性，即 size、color 和 face，分别用来设置字体大小、字体颜色和字体。

3. 图像标签

<img>称为图像标签，用来在网页中显示图像。使用方法为：

<img src="路径/文件名" width="属性值" height="属性值" border="属性值" alt="属性值">。

4. 超链接的使用

爬虫开发中经常需要提取链接，链接的引用使用的是<a>标签，使用方法为：

<a href="链接地址" target="打开方式" name="页面锚点名称">链接文字或者图片</a>

5. 表格

表格的基本结构包括<table>、<caption>、<tr>、<td>和<th>等标签。

<caption>标签用于在表格中指定标题，位于<table>之后，<tr>表格行之前。

<tr>标签用来定义表格的行，对于表格的每一行，都是由一对<tr>...</tr>标签表示，每一行<tr>标签内可以嵌套多个<td>或者<th>标签。

<td>和<th>都是单元格标签，必须嵌套在<tr>标签内，成对出现。<th>是表头标签，通常位于首行或者首列；<td>是数据标签，表示该单元格的具体数据。<th>中的文字默认会被加粗，而<td>则不会。

13.4.2　XPath 简介

XPath(XML 路径语言)是一门在 XML 文档中查找信息的语言，用于在 XML 文档中通过元素和属性进行导航。XPath 虽然是被设计用来搜索 XML 文档的，不过它也能很好地在 HTML 文档中工作，并且大多数浏览器也支持通过 XPath 来查询节点。在 Python 爬虫开发中，经常使用 XPath 查找、提取网页中的信息，因此 XPath 非常重要。

XPath 既然叫 Path，就是以路径表达式的形式来指定元素，这些路径表达式和常规的电脑文件系统中看到的表达式非常相似。

1. XPath 语法

XPath 使用路径表达式来选取 XML 文档中的节点或者节点集。节点是沿着路径或者步来选取的。一个路径表达式包括一系列的步，步和步之间用 "/" 或 "//" 分隔。接下来的重点是如何选取节点。

下面给出一个 XML 文档进行分析：

```
<bookstore>
    <book category="CHILDREN">
        <title>Harry Potter</title>
        <author lang="en">J K. Rowling</author>
        <year>2005</year>
        <price>29.99</price>
    </book>
    <book category="WEB">
        <title>Learning XML</title>
        <author lang="en">Erik T. Ray</author>
        <year>2003</year>
        <price>39.95</price>
    </book>
</bookstore>
```

常见的路径表达式如表 13-2 所示。

表 13-2 ▶ 路径表达式

表 达 式	含 义	表 达 式	含 义
//nodename/*	选取此节点的所有子节点	.	选取当前节点
/	从根节点选取	..	选取当前节点的父节点
//	选择任意位置的某个节点	@	选取属性

通过表 13-2 的路径表达式，可以尝试对上面的文档进行节点选取，详见表 13-3 所示。

表 13-3▶ 节点选取示例

要　　求	路径表达式
选取 bookstore 元素的所有子节点	//bookstore/*
选取根元素 bookstore	//bookstore
选取属于 bookstore 的子元素的所有 book 元素	//bookstore/book
选取所有 book 子元素，而不管它们在文档中的位置	//book
选取属于 bookstore 元素后代的所有 title 元素	//bookstore//title
选取名为 lang 的所有属性	//@lang

上面的例子最后实现的效果都是选取了所有符合条件的节点，能否选取某个特定的节点或者包含某一个指定值的节点呢？这就需要用到谓词。谓词被嵌在方括号中，接下来通过表 13-4 来解释谓词的用法。

表 13-4▶ 谓词示例

要　　求	路径表达式
选取属于 bookstore 子元素的第 1 个 book 元素	//bookstore/book[1]
选取属于 bookstore 子元素的最后一个 book 元素	//bookstore/book[last()]
选取属于 bookstore 子元素的倒数第 2 个 book 元素	//bookstore/book[last()-1]
选取最前面的 2 个属于 bookstore 元素的子元素的 book 元素	//bookstore/book[position()<3]
选取所有拥有名为 lang 的属性的 author 元素	//author[@lang]
选取所有 author 元素，且这些元素拥有值为 en 的 lang 属性	//author[@lang='en']
选取 bookstore 中所有 book 元素，且其中的 price 元素的值大于 30	//bookstore/book[price>30]
选取 bookstore 中 book 元素的所有 author 元素，且其中 price 元素的值大于 30	//bookstore/book[price>30]/author

2．XPath 轴

轴定义了所选节点与当前节点之间的关系。在 Python 爬虫开发中，如果先提取一个节点的信息，然后想在这个节点的基础上提取它的子节点或者父节点，就会用到轴的概念。轴的存在会使得提取变得更加灵活和准确。

步包括：轴、节点测试、零个或者多个谓词，用来更深入地提取所选的节点集。步的语法为"轴名称::节点测试[谓词]"。

XPath 中常用的轴有 parent、ancestor、ancestor-or-self、preceding、preceding-or-self、child、descendant、descendant-or-self、following、following-sibling、self、attribute、namespace 等。

下面介绍常用的轴：

➢ parent：选取当前节点的父节点。例如，选取前面 XML 文档中所有 title 节点的父节点，语法为：//title/parent::*。

➢ child：选取当前节点的所有子元素。例如，选取前面 XML 文档中当前 bookstore 节点中子元素的 book 节点，语法为：//bookstore/child::book。

> attribute：选取当前节点的所有属性。例如，选取 bookstore/book/author 节点下的所有属性，语法为：//bookstore/book/author/attribute::*。
> self：选取当前节点。

3. XPath 运算符

XPath 表达式中可用的运算符如表 13-5 所示。

表 13-5 ▶ XPath 支持的运算符

运算符	描述	实例
|	计算两个节点的并集	//book/title | //book/price
+、-、*、div	加法、减法、乘法、除法	//bookstore/book[price=69 div 2]
=、!=	等于、不等于	//bookstore/book[year!=2003]
<、<=、>、>=	关系运算符	//bookstore/book[price<=40]
or、and	逻辑或、逻辑与	//bookstore/book[price<40 and price>30]
mod	取余数	5 mod 2

13.4.3 正则表达式

正则表达式是由普通字符和特殊字符(称为元字符)组成的文字模式，该模式用于描述在搜索文本时要匹配的一个或多个字符串。正则表达式作为一个模板，将某个字符模式与所搜索的字符串进行匹配。

在讲解之前，介绍一个正则表达式的测试工具 Regex Match Tracer，该工具可以将写的正则表达式生成树状结构，描述并高亮每一部分的语法，还可以检查正则表达式写得是否正确。

1. 元字符

元字符有 4 种作用：匹配字符、匹配位置、匹配数量、匹配模式。常见的元字符如表 13-6 所示。

表 13-6 ▶ 常见的元字符

元字符	含义
.	匹配除了换行符以外的任意字符
\b	匹配单词的开始或结束
\d	匹配数字
\w	匹配字母、数字、下划线或汉字
\s	匹配任意空白符、包括空格、制表符、换行符、中文空格等
^	匹配字符串的开始
$	匹配字符串的结束

例如，匹配"s100"这样的字符串(不是单词)，正则表达式可以写成：^s\d*$；又如匹配一段文字"we are standing shoulder of giants"中所有以 s 开头的单词，正则表达式为：\bs\w*\b。

2. 字符转义

如果要查找元字符本身的话,比如要查找"."或者"*"就会出现问题,因为它们具有特定功能,没有办法把它们指定为普通字符。这个时候就要用到转义,使用"\"来取消这些字符的特殊意义。例如,匹配 www.google.com 这个网址时,正则表达式可以写成 www\.google\.com。

3. 界定符

界定符用来指定重复的数量。常用的界定符如表 13-7 所示。

表 13-7▶ 常用的界定符

界 定 符	含 义	界 定 符	含 义
*	重复0次或者多次	{n}	重复n次
+	重复1次或者多次	{n,}	重复n次以上(包括n次)
?	重复0次或者1次	{n,m}	重复n到m次

4. 字符集合

如果要匹配 a、b、c、d 中任意一个字符,就需要自定义字符集合。正则表达式是通过 [] 来实现自定义字符集合的。[abcd]表示匹配 abcd 中的任意一个字符,[a-d]表示匹配 a 到 d 的任意字符。

5. 分支条件

正则表达式的分支条件指的是有几种匹配规则,只要满足其中任意一种规则都应该当成匹配,具体方法是使用"|"把不同的规则分开。例如匹配固定电话号码,正则表达式可以写成:^0\d{2}-\d{8}|^0\d{3}-\d{7}。

6. 分组

使用圆括号()指定一个表达式就可以看作一个分组,默认情况下,每个分组会自动拥有一个组号,按照从左到右开始编号,第一个出现的分组组号为 1。例如匹配 IP 地址的正则表达式:((25[0-5]|2[0-4]\d|[0-1]\d{2}|[1-9]?\d)\.){3}((25[0-5]|2[0-4]\d|[0-1]\d{2}|[1-9]?\d))。

7. 反义

有时需要查找除某一类字符集合之外的字符,这时就需要用到反义,常用的反义如表 13-8 所示。

表 13-8▶ 常用的反义

符 号	含 义
\W	匹配任意不是字母、数字、下划线、汉字的字符
\S	匹配任意不是空白字符的字符
\D	匹配任意非数字的字符
\B	匹配不是单词开头或者结束的位置
[^abcd]	匹配除了 a、b、c、d 以外的任意字符
[^(123|abc)]	匹配除了 1、2、3 或 a、b、c 这几个字符以外的任意字符

8. Python 与正则表达式

正则表达式里使用"\"作为转义字符,可能会造成反斜线困扰。假设需要匹配文本中的字符"\"，那么使用编程语言表示的正则表达式里将需要 4 个反斜线 "\\\\"，前两个和后两个分配用于在编程语言里转义成反斜线，转换成两个反斜线后，再在正则表达式里转移成一个反斜线。但是 Python 提供对原生字符串的支持，因此匹配一个"\"的正则表达式可以写成 r"\\"，同理匹配一个数字的"\\d"可以写成 r"\d"。

Python 通过 re 模块提供对正则表达式的支持。使用 re 的一般步骤是：先将正则表达式的字符串编译为 Pattern 实例，然后使用 Pattern 实例处理文本并获取匹配结果，最后使用 Match 实例获得信息，进行其他操作。

(1) re.compile()方法将一个正则表达式的字符串转化为 Pattern 匹配对象。这会生成一个匹配的 Pattern 对象，用来给接下来的函数作为参数，进行进一步的搜索操作。

(2) re.match(pattern,string,flags)。这个函数从输入参数 string 的开头开始，尝试匹配 pattern，如果遇到无法匹配的字符或者已经到达 string 的末尾，立即返回 None，反之获得匹配结果。

(3) re.search(pattern,string,flags)。search()和 match()极为相似，区别在于 match()只从 string 的开始位置匹配，search()会扫描整个 string 查找匹配。match()只有在 string 的起始位置匹配成功的时候才有返回，如果不是开始位置匹配成功的话，match()就返回 None。

(4) re.split(pattern,string,maxsplit)按照能够匹配的子串将 string 进行分割后返回列表，maxsplit 用于指定分割次数，不指定时将全部分割。

(5) re.findall(pattern,string,flags)搜索整个 string，以列表形式返回能匹配的全部子串。

示例如下：

```
>>>import re
>>>print("-----regular expression-----")
>>>pattern = re.compile(r"\d+")
>>>text = "abc123abcd456"
>>>result = re.match(pattern,text)
>>>print("re.match():",result.group()) if result != None else print("re.match():None")
>>>result = re.search(pattern,text)
>>>print("re.search():",result.group())
>>>print("re.split():",re.split(pattern,text))
>>>print("re.findall():",re.findall(pattern,text))
-----regular expression-----
re.match():None
re.search(): 123
re.split(): ['abc', 'abcd', '']
re.findall(): ['123', '456']
```

13.5　BeautifulSoup 库的使用

BeautifulSoup 是一个可以从 HTML 或 XML 文件中提取数据的 Python 扩展库。在 Python

爬虫开发中，主要用到的是 BeautifulSoup 的查找功能。

对于 BeautifulSoup，推荐使用的是 BeautifulSoup4，它已经移植到 bs4。BeautifulSoup 支持 Python 标准库中 HTML 解析器，还支持一些第三方的解析器，其中一个是 lxml。由于 lxml 解析速度比标准库中的 HTML 解析器快得多，我们选择安装 lxml 作为新的解析器。所以使用前请先安装 beautifulsoup4 和 lxml 扩展库，推荐使用 Anaconda 集成开发环境来安装。

bs4 详细说明请参考 https://www.crummy.com/software/BeautifulSoup/bs4/doc.zh/。

13.5.1 快速开始

首先导入 BeautifulSoup4 库(from bs4 import BeautifulSoup)，接着创建包含 HTML 代码的字符串，用来进行解析。

然后创建 BeautifulSoup 对象。创建 BeautifulSoup 对象有两种方式，一种是直接通过字符串创建，另一种是通过文件来创建。

BeautifulSoup 选择最合适的解析器来解析文档，如果手动指定解析器，那么 BeautifulSoup 会选择指定的解析器来解析文档。常用的解析器有：html.parse、lxml、xml、html5lib。建议使用 lxml 解析器，该解析器速度快、文档容错能力强。

下面以"CBO 中国票房"网站 2018 年度的票房数据为例进行说明。

```
import requests
from bs4 import BeautifulSoup

url = 'http://www.cbooo.cn/year?year=2018'                    #访问的 URL
#proxies = {'http': 'http://proxy.piccnet.com.cn:3128'}       #代理服务器设置
#rawhtml = requests.get(url,proxies=proxies).text             #使用代理发送 HTTP 请求
rawhtml = requests.get(url).text
#使用 BeautifulSoup 的构造方法，第一个参数为要处理的 HTML 文档，第二个参数是解析器的类型
soup = BeautifulSoup(rawhtml, 'lxml')
```

13.5.2 对象类型

BeautifulSoup 将 HTML 文档解析成一个复杂的树形结构，其中每个节点都是 Python 对象，所有对象可以归纳成 4 类：Tag、NavigableString、BeautifulSoup、Comment。

1. Tag

Tag 对象与 XML 或 HTML 原生文档中的 Tag 相同，通俗地说就是标签。标签可以进行嵌套使用。

使用 soup.tag 这种形式可以获得 Tag 的内容，如果文档中有多个同样的标签，返回的结果是第一个符合要求的标签。

```
>>>print(soup.title)
<title>年度票房_中国票房</title>
```

Tag 中有两个最重要的属性：名字和属性。每个 Tag 都有自己的名字，通过".name"来获取。

>>>print(soup.name)　　　　　　　　　　　　　#soup 对象比较特殊，它的 name 为 document
[document]
>>>print(soup.title.name)　　　　　　　　　　#输出值为标记的名称
title

Tag 中的属性操作方法与字典类似。假设有一个标签，内容为"<th width="200">排名：影片名</th>"。示例如下：

>>>print(soup.th['width'])　　　　　　　　　 #也可以使用 print(soup.th.get("width"))
200

也可以直接"点"取属性，比如.attrs，用于获取 Tag 中所有的属性。

>>>print(soup.th.attrs)
{'width': '200'}

2．NavigableString

前面已经得到了标签的内容，要想获取标签内部的文字需要用到.string，返回一个 NavigableString 类的对象。

>>>print(soup.th.string)
排名：影片名

3．BeautifulSoup

BeautifulSoup 对象表示的是一个文档的全部内容。大部分情况下，可以把它当作 Tag 对象，一个特殊的 Tag。

4．Comment

前面三种类型几乎涵盖了 HTML 和 XML 中的所有内容，但是还有一些特殊对象，比如 bs4.element.Comment 类型，它表示文档的注释部分。如果在不清楚标记.string 的情况下，直接输出它的内容，可能会造成数据提取混乱。因此在提取字符串时，可以判断一下它的类型是否为 Comment。

13.5.3 遍历文档树

BeautifulSoup 会将 HTML 转化为文档树形式进行搜索，既然是树形结构，就一定存在节点的概念。

1．子节点

Tag 的.content 属性可以将 Tag 的直接子节点以列表的方式输出。

>>>print(soup.tr.contents)
['\n', <th width="200">排名：影片名</th>, '\n', <th>类型</th>, '\n', <th>总票房(万)</th>, '\n', <th>平均票

价</th>', '\n', <th>场均人次</th>', '\n', <th>国家及地区</th>', '\n', <th>上映日期</th>', '\n']
>>>print(soup.tr.contents[1].string)   #通过列表索引获取里面的值
排名：影片名

.children 属性返回一个生成器，可以对 Tag 的直接子节点进行遍历。

如果直接子节点还包含子节点，也就是所谓的子孙节点，可以通过.descendants 属性对所有 Tag 的子孙节点进行递归遍历。

下面讨论如何获取节点的内容。

.string 这个属性很有特点，如果一个标记里面没有标记了，那么.string 会返回标记里面的内容。如果标记里面只有唯一的一个标记了，那么.string 也会返回最里面的内容。如果标记包含了多个子节点，.string 就无法确定应该返回哪个子节点的内容，这时.string 输出结果就是 None。

.strings 属性主要应用于标记中包含多个字符串的情况，可以进行循环遍历。

```
for str in soup.strings:
    print(repr(str))                    #使用 repr()函数将 NavigableString 转化为字符串
```

.stripped_strings 属性可以去掉输出字符串中包含的空格或者空行。

2. 父节点

通过.parent 属性来获取某个元素的父节点，通过.parents 属性可以递归得到元素的所有父辈节点。

3. 兄弟节点

兄弟节点就是和本节点处在同一级的节点，.next_sibling 属性可以获取该节点的下一个兄弟节点，.previous_sibling 则与之相反，获取该节点的上一个兄弟节点。如果节点不存在，则返回 None。.next_siblings 属性返回本节点的所有兄弟节点的列表。

4. 前后节点

使用 .next_element 和 .previous_element 这两个属性可以获取后节点和前节点，它们针对的是所有的节点，不区分层次。

13.5.4 搜索文档树

BeautifulSoup 定义了很多的搜索方法，这里重点介绍 find_all()方法，其他方法的参数和用法类似，所有的方法都返回列表。

1. find_all()方法

此方法用于搜索当前 Tag 的所有子节点，并判断是否符合过滤器的条件。方法原型如下：

find_all(name, attrs, recursive, text, **kwargs)

1) name 参数

name 参数可以查找所有名字为 name 的 Tag，字符串对象会被自动忽略掉。name 参数取值可以是字符串、正则表达式、列表、True 和方法。

最简单的过滤器是字符串。在搜索方法中传入一个字符串参数，BeautifulSoup 会查找与字符串完整匹配的内容，返回值为列表。

```
print(soup.find_all("th"))                              #查找文档中所有的<th>标签
```

如果传入正则表达式作为参数，BeautifulSoup 会通过正则表达式的 match() 来匹配内容。下面的例子中查找所有以 t 开头的标签：

```
import re
print(soup.find_all(re.compile("^t")))
```

如果传入的是列表参数，BeautifulSoup 会将与列表中任意元素匹配的内容返回。

如果传入的参数是 True，True 可以匹配任何值。

如果没有合适的过滤器，还可以自定义一个方法，该方法只接受一个参数 Tag 节点，如果这个方法返回 True，表示当前元素匹配并且找到，如果不是则返回 False。比如过滤包含 class 属性，同时也包含 id 属性的元素，程序如下：

```
def has_class_id(tag):
    return tag.has_attr("class") and tag.has_attr("id")
print(soup.find_all(has_class_id))
```

2) attrs 参数

attrs 参数指定 Tag 的属性值，参数可以以字典的形式给出，也可以以值的形式给出。例如查找所有名字为 td 且 class 属性等于 one 的标记：

```
print(soup.find_all("td",{"class":"one"}))
#等价于 soup.find_all("td",class_="one")
#因为 class 是 Python 的关键字，所以需要在 class 后面加下划线
print(soup.find_all("a",{"class":"active","title":"红海行动"}))    #可以同时给出多个属性的值
```

3) text 参数

通过 text 参数可以搜索文档中的字符串内容。与 name 参数一样，text 参数可以接受字符串、列表、正则表达式、True。

```
print(soup.find_all("span",text="1."))
print(soup.find_all("span",text=re.compile("\d\.")))
```

4) limit 参数

find_all() 方法返回全部的搜索结果，如果文档树很大，那么搜索速度会很慢。如果不需要全部的结果，可以使用 limit 参数限制返回结果的数量。

```
print(soup.find_all("span",limit=2))
```

5) recursive 参数

调用 find_all()方法时，BeautifulSoup 会检索当前 Tag 下的所有子孙节点，如果只想搜索 Tag 的直接子节点，可以设置参数 recursive = False。

2. CSS 选择器

BeautifulSoup 支持大部分的 CSS 选择器，在 Tag 或 BeautifulSoup 对象的 .select()方法中传入字符串参数，即可使用 CSS 选择器的语法找到 Tag，返回值为列表。

(1) 选择 Tag 标签，代码如下：

soup.select("title")	#选择 title 标签
soup.select("p a")	#选择 p 标签内部的所有 a 标签，属于标签逐层查找

(2) 通过 Tag 的类名查找，代码如下：

soup.select(".sister")	#查找 class="sister"的所有标签
soup.select("[class～=sister]")	#查找 class="sister"的所有标签

(3) 通过 Tag 的 id 查找，代码如下：

soup.select("#link1")	#查找 id="link1"的所有标签
soup.select("a#link1")	#查找所有 a 标签中满足 id="link1"的标签

(4) 选择直接子标签，代码如下：

soup.select("head > title")	#选择父标签为 head 的所有 title 标签
soup.select("p > a:nth-of-type(2)")	#选择父标签 p 的第 2 个 a 标签
soup.select("p > #link1")	#选择父标签 p 中 id="link1"的标签

(5) 通过属性来查找，代码如下：

soup.select('a[href]')	#选择带有 href 属性的所有 a 标签

(6) 通过属性的值来查找，代码如下：

soup.select('a[href^="http://example.com/"]')	#选择 href 属性值以 http://example.com/开头的所有 a 标签
soup.select('a[href$="tillie"]')	#选择 href 属性值以 tillie 作为结尾的所有 a 标签
soup.select('a[href*=".com/el"]')	#选择 href 属性值含有.com/el 的所有 a 标签

13.5.5 爬虫实例

下面以爬取"CBO 中国票房"网站 2018 年度的票房数据为例进行说明。

要爬取一个网站，首先要仔细分析页面特点和 URL 构造规律，寻找要爬取页面数据的特点，可以借助 Chrome 浏览器提供的强大分析能力。其次要构造合理的网页解析器，为了防止被反爬虫，还要控制爬取速度。最后将爬取的数据保存到文件中，以便进一步分析。

1. 下载数据并解析

代码如下：

```
import requests
from bs4 import BeautifulSoup


url = 'http://www.cbooo.cn/year?year=2018'
#如果服务器设置了反爬虫措施,需要构造用户代理 User-Agent 信息,具体参见前面 requests 说明
#本程序要爬取的网站没有反爬虫措施,所以没有构造用户代理信息。需要根据实际网站情况来决定
rawhtml = requests.get(url).text
soup = BeautifulSoup(rawhtml, 'lxml')
```

2. 数据提取

通过分析网站源码可知,电影票房数据在 id 为 "tbContent" 的 table 标签中。因此,我们先提取 table 标签。

```
movies_table = soup.find('table', {'id': "tbContent"})
```

进一步分析得知,票房数据在 table 的 tr 标签中,第 1 个 tr 标记是列标题,暂时不需要,我们先提取票房数据,因此从第 2 个 tr 开始提取。

```
movies = movies_table.find_all('tr')
movies[1:]                                                      #需要的票房数据从第 2 个 tr 开始
```

3. 提取电影相关信息

分析可知,电影名称在每个 tr 标记的第 1 个 td 子标签 a 的 title 属性里面存储,同理,其他信息依次类推。

```
names = [ tr.find_all('td')[0].a.get('title')   for tr in movies[1:]]    #片名存储在 "title" 属性中
```

接着提取电影对应的链接地址。

```
urls = [ tr.find_all('td')[0].a.get('href')   for tr in movies[1:]]     #链接地址存储在 "href" 属性中
```

提取电影类型信息。

```
types = [tr.find_all('td')[1].string for tr in movies[1:]]
```

提取票房信息。

```
boxoffices = [ int(tr.find_all('td')[2].string) for tr in movies[1:]]
```

最后提取影片的导演信息。

由于导演信息在电影对应的链接地址所在网页中,因此导演信息提取比较麻烦。通过分析网页内容,发现导演信息在 class 为 dltext 的 dl 标记的第 1 个 dd 的 a 标签文本内容中。由于要处理每一个影片的 URL 并从中获取导演信息,所以定义一个函数 getInfo()完成 HTTP 请求的发送、网页内容的解析并返回影片的导演信息。

```
import time
```

```
def getInfo(url):
    time.sleep(2)                    #为了防止爬取速度过快,每一个 get 操作后等待 2 秒
    rawhtml = requests.get(url).content
    soup = BeautifulSoup(rawhtml, 'lxml')
    return soup.find("dl",class_="dltext").a.string
directors = [ getInfo(url) for url in urls ]
```

4. 数据存储

将提取的电影票房信息转化为 DataFrame 数据框形式。

```
import pandas as pd
df = pd.DataFrame({'电影名': names,
                   '类型': types,
                   '票房': boxoffices,
                   '国家及地区':countries,
                   '观看地址' : urls,
                   '导演':directors
                   },columns=["电影名","类型","票房","国家及地区","观看地址","导演"])
df.head()
```

结果如图 13-3 所示。

	电影名	类型	票房	国家及地区	观看地址	导演
0	红海行动	动作	365078	中国/中国香港	http://www.cbooo.cn/m/655823	林超贤 Dante Lam
1	唐人街探案2	喜剧	339769	中国	http://www.cbooo.cn/m/663419	陈思诚 Sicheng Chen
2	我不是药神	剧情	309997	中国	http://www.cbooo.cn/m/676313	文牧野 Muye Wen
3	西虹市首富	喜剧	254757	中国	http://www.cbooo.cn/m/671983	闫非 Fei Yan
4	复仇者联盟3:无限战争	动作	239053	美国	http://www.cbooo.cn/m/675789	安东尼·罗素 Anthony Russo

图 13-3 爬取的电影票房数据

还可以将票房数据存储到文件中。

```
df.to_excel("movie.csv")
```

5. 数据分析

按照国家及地区,统计每年上榜电影的数量和票房的平均值。

```
df.groupby('国家及地区').agg({"票房":[("数量","count"),("平均票房","mean")]})
```

结果如图 13-4 所示。

国家及地区	类型	票房数量	票房平均票房
中国	剧情	3	154945.333333
	喜剧	5	193487.200000
	奇幻	1	89988.000000
	爱情	1	136152.000000
中国/中国香港	动作	2	246227.000000
中国香港/中国	喜剧	1	223708.000000
印度	剧情	1	74707.000000
美国	动作	9	138245.444444
	科幻	1	139666.000000
美国/英国	动作	1	83156.000000

图 13-4 票房分析结果

13.6 lxml 库的使用

Python 标准库中自带了 xml 模块，但是性能不够好，而且缺乏一些人性化的 API。相比之下，第三方库 lxml 是用 CPython 实现的，而且增加了很多实用的功能，是爬虫处理网页数据的一件利器。lxml 大部分功能都存在于 lxml.etree 中，使用前需要自行安装。

13.6.1 基本用法

lxml 采用 XPath 语法来对元素进行定位，使用前需要使用 HTML 源码初始化 etree，然后对返回的 Element 对象使用 XPath 筛选，系统就会返回一个筛选的结果列表。示例如下：

```
from lxml import etree
html_doc = """
  <p class="title"><b>The Dormouse's story</b></p>
  <p class="story">Once upon a time there were three little sisters; and their names were
  <a href="http://example.com/elsie" class="sister-1" id="link1">Elsie</a>,
  <a href="http://example.com/lacie" class="sister-2" id="link2">Lacie</a> and
  <a href="http://example.com/tillie" class="sister" id="link3">Tillie</a>;
  and they lived at the bottom of a well.</p>
"""
selector = etree.HTML(html_doc)              #得到一个类型是 Element 的对象 selector
```

1. 通过路径查找元素

代码如下：

```
>>>all_a = selector.xpath("//p/a")           #查找所有的 a 标签
>>>print(all_a)                              #如果查到，则返回一个类型是 Element 的列表，反之，返回空列表
[<Element a at 0x6a5f448>, <Element a at 0x6a5f7c8>, <Element a at 0x6a5f708>]
>>>a_1 = selector.xpath("//p/a[1]")          #XPath 语法中的序号从 1 开始，表示查找第 1 个
>>>print(a_1)
[<Element a at 0x6a5f448>]
```

如果要提取标签的文本，可以在路径中使用 text() 方法来获取文本信息，返回一个列表。

```
>>>all_a_text = selector.xpath("//p/a/text()")    #查找 p 标签下所有的 a 标签的文本信息
>>>print(all_a_text)
['Elsie', 'Lacie', 'Tillie']
```

2. 通过属性查找元素

利用属性来定位元素要使用类似 "[@属性="值"]" 这种形式。

```
>>>selector.xpath("//p/a[@href='http://example.com/tillie']") #查找 href='http://example.com/tillie'的标签 a
[<Element a at 0x72c7288>]
>>>selector.xpath('//*/a[@href="http://example.com/tillie"]/text()')    #其中*代表任意的标签
['Tillie']
>>>selector.xpath('//*/a[@href="http://example.com/tillie"]/text()')[0]  #取结果列表的第 1 个元素
'Tillie'
```

既可以在单引号里面使用双引号，也可以在双引号里面使用单引号，但是不能同时使用单引号或双引号，因为这会导致语法错误。

3. 提取属性值

提取属性值就是要提取每个标签里的某个属性的值。

```
>>>selector.xpath("//p/a[3]/@id")            #提取第 3 个 a 标签的 id 属性
['link3']
>>>selector.xpath("//p/a[3]/attribute::*")   #提取第 3 个 a 标签的所有属性
[ 'http://example.com/tillie', 'sister', 'link3']
```

13.6.2 高级用法

HTML 源码 html_doc 中共有 3 个 <a> 标签，假设要提取前 2 个 <a> 标签，前 2 个 class 属性以 "sister-" 开头，利用这个特点，可以提取前 2 个 <a> 标签。

```
selector.xpath("//a[starts-with(@class,'sister-')]")    #使用了 starts-with()语法形式
selector.xpath("//a[position()<3]")                     #使用了 position()语法形式
```

如果提取出来的元素里面包含着子元素，或者提取出来的是一个代码段，可以继续使用 XPath 查找。例如，提取出来的<p>标签，实际上包含 1 个子元素和 3 个代码段，可以对提取出来的<p>标签继续使用 xpath()方法，提取里面的文本内容。

```
all_p = selector.xpath("//p")
p_in_text = []
for p in all_p:
    p_in_text.append(p.xpath("./*/text()"))
```

./ 表示以当前元素为根节点向下查询。

下面讨论如何从代码段中提取出所有的文本，假设要提取第 2 个<p>标签层级下全部的文本。<p>标签里面包含多个子标签<a>，它们都包含有文本信息。如果使用如下代码只能提取到<p>本层的文本。

```
selector.xpath("//p[2]/text()")
```

要提取第 2 个<p>标签里各层级下全部的文本，可以使用下面代码：

```
all_p_text = selector.xpath("string(//p[2])")
```

提取到的 all_p_text 是一个字符串，通过换行符"\n"来分割不同部分，需要使用列表推导式取出所有的文本。

```
>>>print([s.strip() for s in all_p_text.split('\n')])
['Once upon a time there were three little sisters; and their names were',
  'Elsie,',
  'Lacie and',
  'Tillie;',
  'and they lived at the bottom of a well.']
```

13.6.3 lxml 爬虫实例

下面以爬取北京交通委员会网站的"实时交通指数"数据为例，讲解 lxml 扩展库的使用，该数据每 5 分钟更新一次。

1．获取目标网页内容

通过 requests.get()发送 HTTP 请求，使用 response.text 获取服务器响应信息，使用 lxml.etree 初始化响应信息。

2．网页内容解析

下面分析网页中需要提取元素的 XPath 路径，可以使用 Chrome 浏览器来帮助编写 XPath 路径。

在打开的网页空白处单击鼠标右键，在弹出的菜单中选择【检查】，页面上会出现一个子页面。在子页面的左上角有一个选择箭头，单击这个箭头，它会变成蓝色，这样就进入了选择状态。这时用鼠标单击页面中【区域名称】这个字段下的"全路网"，下面的 Elements

代码就会定位到"全路网"元素的 HTML 代码位置，同时会用高亮蓝色将 HTML 代码部分突出显示。查看变蓝色的这一部分代码，可以发现是一个<td>标签，需要的文本信息就在这个标签里。所以，只要定位到这个<td>标签，就能提取出需要的信息。

Chrome 浏览器为编写 XPath 路径提供了一个简便方法，可以在变蓝的这一行代码上单击右键，然后选择【copy】菜单下的【copy xpath】，直接复制出这一行代码的 XPath 路径。注意，该功能需要在 Chrome 浏览器上安装 XPath Helper 控件。

考虑到可读性和可扩展性以及动态网页的抓取等因素，复制出来的 XPath 路径不能直接使用，仅作为参考，可以帮助我们编写 XPath 路径。

现在已经从 Chrome 浏览器复制了 XPath 路径，它的形式是：/html/body/div/div[2]/div[4]/table/tbody/tr[2]/td[1]，可以看出信息存放的<td>详细路径，但这只是一个数据的存放位置，需要进一步结合该路径分析数据的共同特点。

通过查看网页源代码，发现所有的信息位于<table class="qyzs_table">下面的<tr class="qyzs_bg1 ">里面的<td>标签文本内容中。

提取数据时根据实际需要可以对数据做适当的转换。

3. 信息存储

为了永久保存提取的有价值信息，可以将爬虫结果存储到文件或者数据库中。

程序源码如下：

```
import requests
from lxml import etree
import pandas as pd
#定义抓取函数，完成对网页数据的爬取
def spider():
    url = "http://www.bjjtw.gov.cn/uservice/app/congestion/serviceCongestion"   #提取的 URL
    response = requests.get(url)                                                #发送 HTTP 请求
    response.encoding = "utf-8"                                                 #设置编码方案
    selector = etree.HTML(response.text)                                        #初始化源码
    col_name = selector.xpath('//table[@class="qyzs_table"]/tr/th/text()')      #解析列名数据
    rows = selector.xpath('//table[@class="qyzs_table"]/tr')                    #解析交通数据
    dist_name = [row.xpath(".//td[1]/text()")[0] for row in rows[1:]]           #解析区域名称数据
    index_name = [float(row.xpath(".//td[2]/text()")[0]) for row in rows[1:]]   #解析交通指数数据
    grade_name = [row.xpath(".//td[3]/text()")[0] for row in rows[1:]]          #解析拥堵等级数据
    speed = [float(row.xpath(".//td[4]/text()")[0]) for row in rows[1:]]        #解析平均速度数据
    title = selector.xpath('//div[@class="jtzs3_t1"]/text()')[0]                #解析时间段数据
    sheet_name = title.strip().split("\xa0\xa0\xa0\xa0")[0].replace(":","点")   #转换时间段数据
    data = (col_name,dist_name,index_name,grade_name,speed,sheet_name)
    writer_data(*(data))
#定义数据存储函数，将爬取的数据存储到 Excel 文件中
def writer_data(col_name,dist_name,index_name,grade_name,speed,sheet_name):
```

```
        df = pd.DataFrame({ col_name[0]:dist_name,
                            col_name[1]:index_name,
                            col_name[2]:grade_name,
                            col_name[3]:speed
                          })
        df.to_excel("./data/traffic-BJ.xls",sheet_name,index = False)
#定义主函数，完成对其他函数的调用。该函数只能独立运行，不能以模块身份运行
def main():
    if __name__ == "__main__":
        spider()
#调用主函数，完成爬虫任务
main()
```

生成的 Excel 文件内容(2019-2-3 08:30-08:35 的交通区域数据)如图 13-5 所示。

交通指数	区域名称	平均速度	拥堵等级
1.6	全路网	37.2	畅通
2.7	二环内	31.2	基本畅通
2.1	二环至三环	33.7	基本畅通
1.1	三环至四环	42.6	畅通
1.3	四环至五环	41.9	畅通
2.1	东城区	31.3	基本畅通
4	西城区	28	轻度拥堵
1.5	海淀区	39.5	畅通
1.4	朝阳区	42.6	畅通
1.2	丰台区	38.7	畅通
1.9	石景山区	36.8	畅通

图 13-5 北京交通指数数据

13.7 Scrapy 爬虫框架

爬虫框架就是一个半成品的爬虫系统，它为我们实现了工作队列、下载器、保存处理数据的逻辑，以及日志、异常处理等功能。对使用爬虫框架而言，我们更多的工作是配置这个爬虫框架。使用爬虫框架时，针对具体要爬取的网站，只需要编写这个网站爬取的规则，而其他的诸如多线程下载、异常处理、数据存储等，都可以交给爬虫框架来完成。

Scrapy 爬虫框架是 Python 中最著名、最受欢迎、社区最为活跃的爬虫框架。它是一个相对成熟的框架，有着丰富的文档和开放的社区交流空间。Scrapy 爬虫框架是人们为了爬

取网站数据、提取结构化数据而编写的。

13.7.1　Scrapy 的安装

建议在 Ananconda 下安装，安装过程中出错少，比较方便。启动【Anaconda Navigator】，单击【Environments】标签，选择【not installed】，在查询框里面输入"scrapy"。

当然也可以在 Python 下直接安装，命令为"pip install scrapy -i https://pypi.doubian.com/simple/"。这条命令使用了豆瓣网在国内提供的源来安装，下载速度非常快。

安装完成后需要将 Scrapy 的安装目录添加到系统环境变量中，右键单击【计算机】，选择【高级系统设置】，打开系统属性，选择【高级】，单击【环境变量】按钮，在【系统变量】中选择【Path 变量】，在其后添加"d:\anaconda3\Scripts;"。其中"d:\anaconda3"目录为 Anaconda3 的安装目录，读者可以根据自己的 Anaconda 安装实际进行修改。

安装完成后，在 cmd 下执行"scrapy version"，如果成功，会显示 Scrapy 版本号。本书编写时使用的 Scrapy 版本号是 1.5.1。

13.7.2　Scrapy 爬虫步骤

本节以爬取"瓜子二手车"网站的二手车信息为例，介绍 Scrapy 框架的爬虫步骤。

1. 创建爬虫项目

首先从命令行进入准备放置爬虫项目的目录。假设爬虫项目放在 e:\sp 目录下，进入命令行，输入"E:"并回车，然后输入"cd \sp"，进入到爬虫项目所在的目录。

现在可以使用如下命令来创建第 1 个 Scrapy 项目：

```
scrapy startproject SPguazi
```

这个命令会在"\sp"目录下创建一个名为 SPguazi 的 Scrapy 爬虫项目，目录结构如下图 13-6 所示(Windows 系统下)。

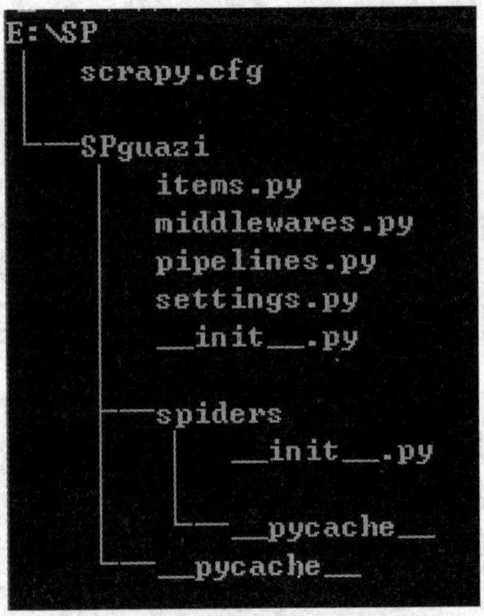

```
E:\SP
    scrapy.cfg
    
    ─SPguazi
        items.py
        middlewares.py
        pipelines.py
        settings.py
        __init__.py
        
        ─spiders
            __init__.py
            
            ─__pycache__
            ─__pycache__
```

图 13-6　scrapy 项目目录结构

下面简要说明目录中各个文件的作用：
- scrapy.cfg：Scrapy 项目的配置文件，一般不用设置。该文件所在目录为项目的根目录。
- items.py：保存爬取数据的容器。要爬取的数据就在这个文件中定义。
- pipelines.py：处理已经爬取到的数据。例如，要把爬取的 item 去重或者保存到数据库中，就要在这个文件中定义。
- middlewares.py：中间件文件，主要用来发出请求、收到响应或者 spider 做全局性的自定义设置。
- settings.py：Scrapy 爬虫框架的设置文件。
- spiders 目录：用于存放编写的爬虫代码，爬虫的主要逻辑在这里面定义。可以在这个文件夹里定义多个爬虫。目前，这个文件夹里面还没有爬虫文件，因为还没有生成爬虫文件。
- __init__.py：初始化文件，一般无需修改。
- __pycache__：缓存目录，无需修改。

2. 创建爬虫文件

接着执行如下命令：

```
cd  SPguazi                                    #进入项目所在目录
scrapy genspider guazi guazi.com               #生成爬虫文件
```

执行完 scrapy genspider 命令后会在项目的 spiders 目录下生成一个名称为 guazi.py 的爬虫文件，其中 guazi 是为这个爬虫起的名字，guazi.com 是这个爬虫要爬取的域名。

使用任意一个文本编辑器(推荐使用 Notepad++)打开 guazi.py 文件，内容如下(含义参见注释说明)：

```
# -*- coding: utf-8 -*-                        #定义编码方案为 UTF-8
import scrapy                                  #导入 scrapy 库

class GuaziSpider(scrapy.Spider):              #定义 GuaziSpider 类，继承自 scrapy.Spider
    name = 'guazi'                             #name 属性定义爬虫的名字，name 必须保持唯一
    allowed_domains = ['guazi.com']            #定义爬虫过滤的域名，不在此范围的域名会被过滤掉
    start_urls = ['http://guazi.com/']         #定义爬虫框架启动时默认爬取的网址

    def parse(self, response):                 #parse 定义如何从 response 中解析爬取到的网页内容
        pass
```

3. 定义要爬取的内容

修改 items.py 文件，定义要爬取的内容。

4. 定义如何爬取内容

修改爬虫文件 guazi.py，定义如何爬取内容。

5. 存储爬取到的信息

修改 pipelines.py 文件，将爬取到的信息进行存储(文件或者数据库)。

6. 运行爬虫

输入"scrapy crawl guazi"命令，运行爬虫。

13.7.3 Scrapy 爬虫实现

下面以爬取"瓜子二手车"网站数据为例，详细讲解 Scrapy 爬虫框架的使用。

1. 定义要爬取的数据

items.py 是用于定义爬取数据的容器，定义了要爬取哪些字段。

这里提取 4 个字段数据：汽车名、日期、公里数、价格。

修改后的 items.py 文件内容如下：

```
import scrapy

class SpguaziItem(scrapy.Item):
    name = scrapy.Field()          #定义要爬取的字段名
    year = scrapy.Field()
    kilo = scrapy.Field()
    price = scrapy.Field()
```

2. 编写爬虫文件

本例中爬虫文件为 guazi.py，主要是配置 start_urls 参数和 parse()方法。start_urls 参数定义要爬取的网址列表，Scrapy 会自动从定义的网址列表中逐个取出 URL 进行爬取，然后把返回的响应传递给 parse()解析方法。而 parse()方法定义如何从返回的网页中提取数据。

从网页中提取数据有很多种方法。Scrapy 爬虫框架在 lxml 库基础上构建了提取数据的一套机制，该机制使用了一种基于 XPath 和 CSS 表达式的机制，被称为选择器 selector。

selector 有四个基本的方法：

- ➢ xpath()：传入 XPath 表达式，返回该表达式所对应的所有节点的列表。
- ➢ css()：传入 CSS 表达式，返回该表达式所对应的所有节点的列表。
- ➢ extract()：序列化该节点为 Unicode 字符串并返回列表。
- ➢ re()：根据传入的正则表达式对数据进行提取，返回 Unicode 字符串的列表。

Scrapy 提供了内置的 selector 来提取数据，当然也可以使用 BeautifulSoup 或者 lxml。

当启动 Scrapy 爬虫时，框架默认会直接爬取 start_urls(字符串列表)中的网址。只有在登录情况下，才能正常爬取网站。如果不希望爬虫系统在启动时就直接爬取 start_urls 中的网址，就需要重写 start_requests()方法。该方法必须返回一个可迭代的对象，同时可以在方法中指定回调函数。所谓回调函数。就是在用户发起请求的时候，指定用来执行后续解析的函数。

编写解析方法(默认是 parse())时，首先要把前面 items.py 中定义的 items 类导入进来，然后编写提取元素的代码，提取出来的序列化数据需要使用 extract()转化为 Unicode 字符串。

如果要提取第 1 个匹配的元素,可以使用切片的方法 extract()[0],也可以使用 extract_first()来提取。

修改后的 guazi.py 文件内容如下:

```
# -*- coding: utf-8 -*-
import scrapy
from SPguazi.items import SpguaziItem        #导入前面定义的数据字段所在的 items 类
class GuaziSpider(scrapy.Spider):
    name = 'guazi'                           #定义爬虫的名字,scrapy crawl 命令中的参数就是取自它
    allowed_domains = ['guazi.com']
    """
    由于瓜子二手车网站采用了反爬虫机制,因此需要提供 headers 信息。同时为了访问深层网页内容,考虑使用 cookie 登录网站,可以保持登录机制。获取 cookie 最简单的方法就是复制浏览器保持登录的 cookie。我们使用 Chrome 浏览的【检查】功能来获取【network】第 1 个包中 headers 信息。其中 cookie 信息复制完成后,需要改写成字典的形式,cookie 有一定时效。
    """
    cookie = {
        "antipas":"H2A54E44242M5b98326O39M70V7",
        "uuid":"a2ba12fb-d908-4659-8be0-cb7711d00377",
        "cityDomain":"bj",
"cainfo":"%7B%22ca_s%22%3A%22self%22%2C%22ca_n%22%3A%22self%22%2C%22ca_i%22%3A%22-\
%22%2C%22ca_medium%22%3A%22-%22%2C%22ca_term%22%3A%22-%22%2C%22ca_kw%22%3A%2\
2-%22%2C%22keyword%22%3A%22-%22%2C%22ca_keywordid%22%3A%22-%22%2C%22scode%22%3\
A%22-%22%2C%22ca_b%22%3A%22-%22%2C%22ca_a%22%3A%22-%22%2C%22display_finance_flag%\
22%3A%22-%22%2C%22platform%22%3A%221%22%2C%22version%22%3A1%2C%22client_ab%22%3A\
%22-%22%2C%22guid%22%3A%22a2ba12fb-d908-4659-8be0-cb7711d00377%22%2C%22sessionid%22%3\
A%22a98430b4-a28d-42bd-b7a3-89e58d1f4866%22%7D",
preTime":"%7B%22last%22%3A1549460472%2C%22this%22%3A1549460472%2C%22pre%2\2%3A1549460
472%7D",
"ganji_uuid":"7330376488181824232367",
"lg":"1"
    }
    #封装 header 头信息
    header = {
        'User-Agent': 'Mozilla/5.0 (Windows NT 6.1; Win64; x64) AppleWebKit/537.36 (KHTML, \
like Gecko) Chrome/71.0.3578.98 Safari/537.36',
        'Connection': 'keep-alive',
        'Cache-Control': 'max-age=600',
```

```
            'accept': 'text/html,application/xhtml+xml,application/xml;q=0.9,image/we'
        }

        def start_requests(self):
            url = 'https://www.guazi.com/bj/buy/'
            yield scrapy.Request(url,headers=self.header,cookies=self.cookie,callback=self.parse)

        def parse(self, response):
            item = SpguaziItem()                                                    #初始化 item
            year_kilo = response.xpath("//a[@class='car-a']/div[@class='t-i']/text()") #提取年份和公里数
            item["name"] = response.xpath("//a[@class='car-a']/@title").extract()   #提取二手车型号
            item["year"] = year_kilo.re("(\d+年)")                                  #使用正则表达式提取年份
            item["kilo"] = year_kilo.re(".+万公里")                                 #使用正则表达式提取公里数
            #提取二手车价格
            item["price"] = response.xpath("//a[@class='car-a']/div[@class='t-price']/p/text()").extract()
            return [item]
```

由于需要爬取登录后的瓜子二手车网站，必须重写 start_requests()方法，该方法代码中使用 scrapy.Request()方法，添加了 cookies 和 headers 信息，并使用 callback 参数设置了 parse() 为回调函数。

3. 数据的存储

爬虫代码写好后，我们希望将爬取到的数据保存下来，以便后续使用。Scrapy 爬虫框架实现了数据的快捷输出，称为 feed 输出。它还支持多种序列化格式，如 JSON、JSON lines、csv、xml。feed 输出较为简单，可以在命令行上完成，例如：

```
scrapy crawl guazi -o guazi.csv
```

当然也可以存储到数据库中，如 MySql、MongoDB 等。

当 item 在 spider 中被收集之后，它将被传递到 item pipeline。item pipeline 可以完成对数据的清理、验证、查重和爬取数据的存储等工作，所以它的灵活性比使用命令行方式要好很多。

Scrapy 通过在 pipelines.py 文件中的 process_item()方法处理 items，每个 item pipeline 组件都需要调用该方法。数据存储主要就是在这个方法中执行。另外，还可以定义 open_spider()和 close_spider()方法，用于 spider 打开和关闭时处理一些操作。

下面以爬取的瓜子二手车网站数据为例，演示如何将信息存储到 CSV 文件中。

1) 配置 pipelines.py 文件

代码如下：

```
# -*- coding: utf-8 -*-
import csv
class SpguaziPipeline(object):
```

```
            def open_spider(self,spider):                              #打开爬虫时执行
                self.file = open(r"d:/pyexe/guazi.csv","a+",newline="") #打开文件
            def process_item(self, item, spider):
                price = []
                #对提取的数据进行再加工
                for car_price in item["price"]:
                    price.append(car_price + "万元")
                writer = csv.writer(self.file)
                writer.writerow(["车型","年代","公里数","价格"])      #写入标题到文件
                for data in zip(item["name"],item["year"],item["kilo"],price):
                    writer.writerow(data)                              #写入数据到文件
                return item
            def close_spider(self,spider):                             #关闭爬虫时执行
                self.file.close()                                      #关闭文件
```

2) 在 settings.py 文件中启用 pipeline

只需要在 settings.py 文件中启用定义好的 pipeline，无须编写。代码如下：

```
ITEM_PIPELINES = {
    'SPguazi.pipelines.SpguaziPipeline': 300,
}
```

4. 自动限速扩展

前面介绍了一些反爬虫措施，如设置用户代理和 cookie、使用代理 ip 等。另外还可以设置自动限速扩展，该扩展能够根据 Scrapy 服务器及爬取的网站负荷，自动限制爬取速度，避免被反爬虫禁止。设置方法是在 settings.py 文件中找到#AUTOTHROTTLE_ENABLED = True 这一项，去掉注释即可。

13.8 案 例 实 战

1. 数据来源

爬取数据来源于中国工程院网站上"信息与电子工程学部"的院士队伍数据，具体网址是 http://www.cae.cn/cae/html/main/col48/column_48_1.html。本数据仅供技术研究，请勿用于恶意目的。

2. 研究问题

使用 BeautifulSoup、requests 和多线程技术来爬取中国工程院院士简介和照片等数据。

3. 网页分析

中国工程院网站的院士队伍介绍页面是静态页面，爬取相对简单。使用 Chrome 浏览

器的【检查】功能对网页结构进行分析,定位院士具体信息所在的标签,获取院士的姓名和院士介绍信息所在的 URL。然后,向该 URL 发起 HTTP 请求,对返回的响应信息使用浏览器的【检查】功能进行分析,提取院士图片的 URL,并将图片存盘,获取院士的介绍数据,对数据进行简单处理,最后存盘。

4. 代码实现

为了加快爬虫速度,程序中使用了多线程技术。代码如下:

```python
import requests
from bs4 import BeautifulSoup
import re
import os
import os.path
import time
from multiprocessing.dummy import Pool as pl

dstDir = r"e:\YS"                                      #定义全局变量,dstDir 为数据存放目录
def download(url):
    response = requests.get(url)
    response.encoding="utf-8"
    rawhtml = response.text
    time.sleep(2)                                      #延时 2 秒,防止被反爬虫
    return BeautifulSoup(rawhtml, 'lxml')
def spider(item):
    perUrl,name = item
    perUrl = "http://www.cae.cn" + perUrl
    name = os.path.join(dstDir,name)
    soup = download(perUrl)                            #下载院士信息
    imgUrl = soup.select('div."info_img" a img')[0].get("src")   #提取照片所在的相对 URL 路径
    imgUrl = "http://www.cae.cn" + imgUrl              #将相对 URL 路径变成绝对 URL 路径
    with open(name+".jpg","wb") as fp:                 #按照"姓名.jpg"命名照片文件名
        fp.write(requests.get(imgUrl).content)
    tag = soup.select('div."intro"')[0].p              #获取院士介绍第 1 个段落
    intro = []
    intro.append(tag.string.strip())                   #删除介绍文字两端的空字符
    for sibling in tag.next_siblings:                  #获取其他介绍段落
        intro.append(sibling.string.strip())
    with open(name+".doc","wt",encoding="utf-8") as fp:
        fp.write("\n".join(intro))                     #多个段落内容合并为一个字符串
```

```
def main():
    if not os.path.isdir(dstDir):
        os.mkdir(dstDir)
    url = "http://www.cae.cn/cae/html/main/col48/column_48_1.html"    #爬取的首页 URL
    soup = download(url)
    ys_tag = soup.select('div."ysxx_namelist" ul')[2:4] #提取信息与电子工程学部院士信息所在的标签
    pattern = r'<li class="name_list"><a href="(.+?)" target="_blank">(.+?)</a></li>'
    ys_info = re.findall(pattern,str(ys_tag))                    #匹配院士简介的 URL 和姓名
    if __name__ == "__main__":
        pool = pl(4)                                  #初始化线程池，根据 CPU 核心数填写
        #使用 map()函数将 ys_info 中每一项映射到 spider()，完成对每一个院士信息的提取和存盘
        pool.map(spider,ys_info)
        pool.close()                                  #关闭线程池
        pool.join()                                   #等待所有线程结束
    main()                                            #调用 main()函数开始爬取数据
```

本章小结

本章详细介绍了 requests 库、BeautifulSoup 库、lxml 库以及 Scrapy 爬虫框架的使用。爬虫系统编写的重点是对网页内容的解析，只有正确分析了网页标签的结构关系，明确了要爬取的数据所在位置，才能使用 XPath、正则表达式、CSS 选择器将数据从复杂的网页内容里提取出来。具体选择哪种解析方法，读者可以根据自己的接受程度来选择。在数据提取出来后，经常需要对数据进行再加工，这时要注意每种方法的返回类型，以免发生类型操作错误，这就要用到前面章节所学的内容。本章主要介绍了静态网页的爬取，复杂的动态网页爬取需要使用 selenium 库，感兴趣的读者可以查阅相关资料学习。

课后习题

1. 使用 lxml 库爬取百度首页。
2. 使用 Scrapy 爬虫框架爬取 http://www.weather.com.cn/shaanxi 的天气信息。
3. 使用 BeautifulSoup 爬取 https://car.autohome.com.cn/photolist/series/31390/3999213.html#pvareaid=101467 上的图片(只爬取第 1 页)。

参 考 文 献

[1] 董付国. Python 程序设计. 北京：清华大学出版社，2018.
[2] 邓英，夏帮贵. Python 3 基础教程. 北京：人民邮电出版社，2017.
[3] 罗攀. 从零开始学 Python 数据分析. 北京：机械工业出版社，2018.
[4] 黄红梅，张良均. Python 数据分析与应用. 北京：人民邮电出版社，2018.
[5] 齐文光. Python 网络爬虫实例教程. 北京：人民邮电出版社，2018.
[6] 张若愚. Python 科学计算. 2 版. 北京：清华大学出版社，2016.
[7] Python 官方网站 https://docs.python.org/3/.
[8] Wes McKinney & PyData Development Team. pandas: powerful Python data analysis toolkit Release 0.16.2, 2015.
[9] Downey A B. Think Python(SECOND EDITION). O'Reilly Media, Inc, 2016.